ブルース、日本でワインをつくる

ブルース・ガットラヴ
Bruce Gutlove
聞き書き　木村 博江

新潮社
図書編集室

もくじ——ブルース、日本でワインをつくる

――カバー写真――

赤石 仁 … 表、安井 進 … 裏

――本文写真――

赤石 仁 … P. 13、P. 20、P. 25、P. 31、P. 45、P. 133

村上 健 … P. 41、P. 111

安井 進 … P. 73、P. 119、P. 123

菅 洋志 … P. 95、P. 127、P. 187、P. 201

森 弘行 … P. 121

渡部 佳生 … P. 147、P. 165

越知 翔子 … P. 157、P. 177

†

装幀／新潮社装幀室

1 ―アメリカでのワイン修業時代

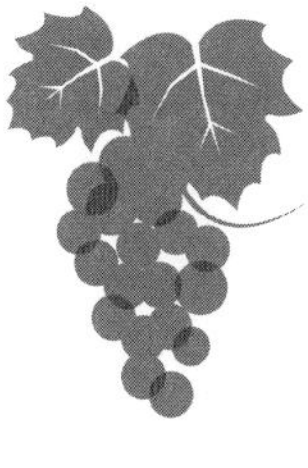

ブルース・ガットラヴはニューヨークに生まれ、大学で醸造学を学び、ワインの魅力にとりつかれた。カリフォルニアのワイナリーで修業を積み、ワイン・コンサルタントとして働きながらワインづくりの哲学を身につけた。

はじめてのワインの記憶

私が生まれたのはニューヨーク市の中心部からはずれた、ロングアイランドのハンティントンという町です。いまでは都会的な町になっていますが、もともとはアメリカインディアンが長く住んでいた土地でした。わが家の裏手には川が流れ、森があり、川の土手にはインディアンが残した塚がいくつもありました。子どもが走り回って遊ぶには、もってこいの環境です。でもあいにく私は四歳のときのクリスマスの朝に突然足が動かなくなり、ペルテス病（若年性変形性骨軟骨炎）と診断されました。その後二年半から三年くらい、歩くには松葉杖が必要でした。そんなわけで、幼いころは押し入れに閉じこもって懐中電灯で本を読んだり、化学の実験キットなどで一人遊びをしたりしてすごすことが多かったのです。いまでも人と話すことが苦手で読書が好きなのは、そのせいもあるかもしれません。

わが家はイタリア系アメリカ人で、私の上に兄と姉が一人ずつ、下に妹が一人います。そして祝日や祭日には母方の家か父方の家に集まるのですが、とくに母方のほうは大家族で、全員が集まるとまるで映画に出てくるイタリア系家族そのままの光景が展開しました。子どもたちのテーブル、大人たちのテーブルと分かれ、どのテーブルにも盛りだくさんのアンティパストやパスタなどが並び、怒鳴ったり笑ったり、話が聞こえないくらいの大騒ぎがはじまるのです。そしてもちろん、食卓にワインは欠かせません。私がはじめてワインを飲んだのは、とても幼い三歳のときです。味は覚えていませんが、祖父が私を膝にのせ、はじめてのワインを飲ませてくれたのです。あとから考えるとそれは、ヴィンサントに浸したビスコッティでした。おそらく九九パーセントが水で、ワインは一パーセントだったでしょう（笑）。でも祖父は「これがワインだよ」と言ってくれたのです。私は洗礼を受けて大人になった気分がして、とてもうれしかった。それが私にとっての最初のワインです。

大学時代にワインショップでアルバイト

そのあと鮮明に覚えているのは、大学時代に経験したワインです。私は当時（一九八〇年ごろ）ニューヨークのコーネル大学に籍を置きながら、一般教養課程で幅広くいろんな分野について学んでいる最中で、まだ専攻を決めていませんでした。医学にも首を突っ込み、自然科学ものぞき、ロシア語、社会学にも興味があり、どれもおもしろくて一つに絞れず、専攻を決めるまでに長いあいだ迷いました。そして三年目にコーネル大学からニューヨーク州立大学に移り、植物生理学を専攻することにしたのです。ただし植物生理学で学位をとっても、ふつうは学者になるか、どこかの学校で教えるしか道はありません。どちらもアカデミックな道です。でも私はあまりアカデミックな人間ではなく、人に教えるより、自分で行動するほうが好きです。ですから大学にいるあいだに、自分に合った職業と関係のある仕事を、実際に試してみたいと考えました。

そのころ予科で、ホテル経営とワインについて学ぶコースも友人と一緒に聴講したのです。ワインとはなにか、ワインの種類とスタイル、用語などが学べる内容です。シャンパンとはなにか、ポルトとはなにか、カベルネ・ソーヴィニヨンとはなにか、などなど。そして、実際にテイスティングもおこなわれました。このコースは、いわばワインのガイドブックのようなもので、基礎知識を勉強できたわけです。私は興味を引かれ、ワインクラブを立ち上げました。集まったメンバー八人で、そのつどテーマ（ブルゴーニュとか、シャンパンとか）を決め、ニューヨークのマンハッタンにあるワインショップを何軒か回り、お金を出しあってワインを買い、テイスティングをしたのです。それがとてもおもしろかった。ワインの味については、まだあまりよくわかっていなかったと思います。「これは口に合う」とか「これはちょっとまずい」といった程度で。

そして在学中から、ニーヨークのワインショップでアルバイトもはじめたのです。ショップでの仕事はとても楽しく、やりがいがありました。在庫管理（店頭にワインがなくなったら地下室から補給する）やレジ係から、お客さんへのワイン選びのアドバイスまで、なんでも引き受けました。ワインを選び、ワインを売り、お客さんとワインの話をする、そのすべてがおもしろかった。当時（一九七〇年代の終わりごろ）のアメリカでは、ワインはビジネスとしてはまだ小規模でした。でも、格式としては重要な市場で、ニューヨークには世界中からワインを売りにワインメーカーが集まっていました。レストランを借り切ってテイスティング会が開かれることもあり、私にとっては大事な経験でした。世界のワインメーカーと話ができましたからね。

そして最終的に私は、ワインづくりを目指そうと決めたのです。選択肢としてはワインショップで経験を積み、商売の腕を磨き、ワインの販売で責任ある地位につくこともできたかもしれません。ただしワインの販売を目指したら、同じ町で家族をもって一生を暮らすことになるでしょう。でも世界は広い。私はもっと可能性を試してみたいと思いました。そして私は自然科学が好きだし、ワインも好きだ。その両方をつなぎ合わせたら、ワインづくりという答えになりました。そこで私はカリフォルニア大学のデイヴィス校に入学して、ワインづくりを学ぶことにしたのです。

デイヴィス校で醸造の基礎を学ぶ

ニューヨークの友人たちは、なんでカリフォルニアなんかに行くんだ、カリフォルニアではいいワインはできない、と言いました。当時はそう思われており、私がカリフォルニアに行ってワインづくりをすると言うと、「え、冗談だろ」という反応しか返ってこなかったのです。両親も喜びませんでした。医学を勉強していた私を見て、両親は私が医者になることを期待していたのです。私は十代のころには料理にも夢中になり、中東料理、中華、日本料理など、料理の本を見たりテレビを見たりしてつくっていました。結構腕が良くて、シェフになりたいと真剣に考えたこともあったのですが、両親は大反対でした。シェフはいまでは有名人としてテレビにも出演し、華やかな存在になっていますが、当時はシェフの地位がそれほど高くなく、「コック」と呼ばれてあまり敬意も払われていない時代でした。それで両親はノーと言ったのです。そして大学卒業を控えた息子が、今度はワインづくりをしたいと言い出して、両親はまたしても反対。でも、私としてはワインづくりへの決意が固く、デイヴィスで勉強するためカリフォルニアへ渡りました。

デイヴィスに決めたのは、アメリカでワインづくりを学べる大学は、デイヴィスのほかにもう一つか二つくらいしかなく、なかでもデイヴィスは、醸造科では最も権威があったからです。ヨーロッパにはドイツのガイゼンハイム大学、フランスのボルドー、ディジョン、モンペリエの各大学、そしてオーストラリアにも有名な大学があります。でも当時ワインづくりはアメリカではまだ一般的な職業ではなく、規模も小さかったのです。私がデイヴィスで学んだころ、修士課程でワインづくりを勉強する学生の数はそれまでで最多でしたが、それでもたったの一三人。そんな環境の中で一九八三年から八六年までワインづくりの方法、その科学や基本を勉強し、あわせてぶどう栽培の授業も受けたわけです。それが、すべてのはじまりでした。

デイヴィスで実際にワインの勉強をはじめてみて、ワインには私が興味を引かれるあらゆる要素が含まれていることがわかり、胸が躍りました。なによりすばらしいのは、ワインに感じられる西欧の文化です。ワインは西欧の美術、文学、哲学、医学、歴史、農業など、あらゆる分野とつながっています。私はそこに魅了されました。ワインには、すべてが包み込まれており、ワインにたずさわるとそのすべてに関わることになるのです。教会に高い天井、アーチ型の柱、そして柱同士をつなぐ梁《はり》があるように、ワインにも真ん中に大きな柱があり、その周りを沢山の柱が囲んでいる。哲学の柱、料理の柱、美学の柱、歴史の柱、などなど。そしてその柱のすべてが真ん中の大きな大黒柱につながっている。そのようにさまざまな要素を一つにつないでいるのが、ワインだ。私は、ワインをそう捉えました。

忘れられない幻の名ワイン

ここで「記憶に残るワイン」に、話を戻しましょう。ニューヨークのワインショップでアルバイトをしたとき、私はレストランでワイン・コンサルタントの仕事も引き受けました。ワインリストをシェフに見せて料理に合うワインを相談したり、レストランのオーナーに店のスタイル、客層、雰囲気などを訊ね、顧客の好みに合いそうなワインをワインリストの中から勧めたりする仕事です。店のスタッフやウェイターに、ワインそれぞれのセールスポイントを教えたり、彼らと一緒に料理に合いそうなワインをテイスティングしたりすることもありました。これらの知識は、基本的にはワインショップで学んだものですが、ソムリエやレストランのオーナーやワインメーカーに話を聞いたり、本を沢山読んだりして、身につけたのです。

私がコンサルタントの仕事をしたレストランは、ロングアイランドのサウスハンプトンにありました。マンハッタンのお金持ちや有名人たちの、夏の別荘地です。冬は寒いので誰もきませんが、夏はにぎわいます。夏だけ開く富裕層向けの高級レストランもあります。

高級レストランでは、裕福な客がワインのボトルを持ち込む場合もありました。そしてときには、そういう客が私たちに味見をさせてくれることもあったのです。猛烈に高価なワインのテイスティングです。あるときそんな客がもってきたボトルの中に、一九四九年のシャトー・シュヴァルブランというワインがありました。ボルドーのとても有名なシャトーのワイン。いまでも有名な、幻のワインです。それをある客がもってきたのですが、「よかったらテイスティングするか」と言って気前よく飲ませてくれました。あれは、私に「ワインをつくりたい」と強く思わせてくれた、じつにすばらしいワインでした。人間がつくったものとは思えないほど、ビューティ

フルなワイン。バランスが完璧で、猛烈に複雑で、この世のものと思えないワイン。ショックでした。あんなワインに、それまで出会ったことがありませんでした。あまりに完璧そのもので、現実と思えない。このようなものが存在するとは、信じられませんでした。フランスで、第二次大戦の直後に、疲れきった人たちが、土を掘り起こし、本当にていねいにぶどうを育て、収穫し、醗酵させ……そのすべての過程に人が関わり、自然とともに働いていたということ。自然に何ができ、人に何ができるのかということに、心の底から驚きました。「そうか、人間にはこれほどすごいことができるんだ」と。そして、自分もやってみたいと思ったのです。あれは大きなターニングポイントでした。あの味と香りはいまでも覚えています。あまりにすばらしい香りで、しばらくは飲み込んだりできませんでした。飲み込むという行為が、あのワインにふさわしいと思えなかった。香りを、何度も何度も何度も味わいました。最後には飲み込みましたが、飲むのが恐かった。畏《おそ》れ多い感じがしたのです。あまりに美しすぎる女性、まるで神さまが降り立ったような女性には、手を触れてはいけないような感じがするのと同じです。完璧すぎ、すばらしすぎて声もかけられない。あのワインは、そんな感じでした。

まさに強烈な記憶です。あのときのシュヴァルブランが、ほかのどのワインよりも、私にワインづくりを決意させてくれたと思います。

ただし、ワインには飲みごろのポイントがいくつかあります。一つは、飲む側のタイミング。

飲み手の体の調子が悪かったり、気持ちにゆとりがなかったりしたら、同じシュヴァルブランを飲んでも、すばらしいと感じない可能性もあります。あのときの私は、たまたま状態が良かったのかもしれません。一週間後だったら、「あ、おいしい」だけで終わったかもしれない。そしてワインの側にも、タイミングがあります。ワインがボトルの中で変化するからです。同じワインでも若すぎると成熟していないし、年が経ちすぎると弱くなる。その中間がちょうどいいのです。四九年のシュヴァルブランは、三三年ほど経ったものでした。シャトーを出てから（あのワインの場合は、一九五一年ごろでしょうか）、ボルドーからサウスハンプトンまで運ばれたのです。三〇年以上のあいだ、どこで、どんな環境で貯蔵されていたかによって、ずいぶん状態がちがったでしょう。古いワインは一本ごとにちがいます。「古いワインに名品はない、古い名ボトルがあるだけ」という言い回しがあるくらいです。

カリフォルニアではグッドワインがつくりやすい

そんなふうに店での体験も積みながらデイヴィスを卒業したあと、数年のあいだカリフォルニアのワイナリーでワインづくりを体験しました。ワイナリーはそれぞれにワインづくりの方法も哲学も技術も、目指すゴールもちがいます。というわけでロバート・モンダヴィ、ケークブレッド・セラーズ、トレフェッセンなど、自分が好きだと思えるワインを製造しているワイナリーで実際に修業を積み、最終的にナパ・ヴァレーでワイン・コンサルタントをはじめたのです。

ナパでは三年間、いくつかのワイナリーでコンサルタントの仕事をしました。クライアントがいる地域は、イーストコースト、プエルトリコ、メキシコなどです。相談の内容は、いくら頑張っても目標とするワインができない、急に味がおかしくなった、などさまざまでした。クライアントから連絡があると私が出かけていき、栽培担当の人とぶどうの畑を見て回り、醸造担当の人と蔵を見て回り、ワインのテイスティングをし、私を呼んだ理由を訊ね、話を聞きます。そして現状とクライアントが目指しているものを明確にしたうえで、私が具体的な方法をアドバイスする。その後は定期的に経過を見て、結果をチェックし、期待どおりの成果が上がったか確認するのです。

そんなコンサルタントの仕事を通して、各地で実際にどのようなワインづくりがおこなわれているかを学び、その知識を総合してワインづくりを身につけました。デイヴィスでは基礎となる科学を学び、ワイナリーではその科学が畑で実際どのように使われ、どんなワインづくりがされているかを学んだわけです。

グッドワインをつくることは、カリフォルニアでは日本よりはるかに簡単にできます。ただし、グレートワインはべつです。グッドワインとグレートワインのあいだには、はっきりとちがいがあります。

日本とちがって、なぜカリフォルニアでは良いワインがつくりやすいのか。それはカリフォルニアでは、夏にめったに雨が降らないからです。発芽、つまりぶどうの茶色い芽が芽吹いているけれども、まだ開いていなくて冬眠状態のようなとき（四月末から五月はじめにかけて）。その生長期に雨が多くて湿度が高いと、ぶどうの葉にも木そのものにもカビが発生する割合が高くなります。また逆に乾きすぎても、よくありません。ワインのためにはある程度の水分が必要です。でも、そのときは灌水《かんすい》をしてやれば、問題を解決できます。乾燥していればカビが出ないので、とても良いぶどうができる。それがカリフォルニアです。というわけで、カリフォルニアで良いワインをつくるのは、それほどむずかしいことではないのです。

でも日本では、そうはいきません。世界のワイン用ぶどうの生産農家に、栽培に悪い条件を書き出してくださいと言ったら、その答えの内容は、日本の気候と非常に近いものになるでしょう（笑）。日本ではぶどうにとって悪い時期に、雨が降ります。梅雨です。一年の中で、時期によってぶどうに対する雨の影響は異なります。萌芽から収穫期までのあいだに、雨が降ってもかまわないときと、雨が降ると困る時期とがあるのです。日本では梅雨と台風の時期に、雨が多い。どちらもぶどうにとって雨が降ると困る時期です。そして日本は湿度が高い。熱帯的な、湿度と気温の高さ。それがあるため、日本でワイン用ぶどうを栽培するのは、カリフォルニアよりはるかにむずかしいのです。

そういう点で、日本はワインづくりに適していないかもしれません。でも、「適していない」とは、どういう意味でしょう。日本でワイン用の良いぶどうを育てられないかというと、そうではありません。高度な技術と、畑（農作業）に関する豊かな知識があれば、日本ですばらしいワインをつくることは可能です。毎年それが可能になるわけではないし、どの地方でも誰にでもできるわけではありません。でも、それを実現している人たちは実際にいます。ですから、適していないということではない。カリフォルニアのほうが、日本よりずっと簡単に良いワインがつくれます。でも、ここで問題なのは「良いワイン」とはなにか、ということです。ワインはどうあるべきか、なにをもって名ワインと呼ぶのか。その答えは、人によってちがいます。私自身の答えは一般的ではなく、カリフォルニアのワインのつくり手の中では、ちょっと異色でしょう。私の目指すワインは、カリフォルニアのテロワール（風土）にあまり合っていないのかもしれません。私にとっては、カリフォルニアのワインは濃厚すぎ、ヘビーで疲れます。なにかが足りない気がするのです。

風と土を伝えるのがグレートワイン

テロワールとは、ワイン用のぶどうに影響をあたえる環境です。畑をとりまく環境。風土、文字のとおり、風と土です。土についてはよく言われますが、それ以上にもっと複雑なものです。

風、つまり風通しのいい場所だと病気が出にくい。押し入れにしまってある布団は、ときどき押し入れを開けて風にあてないと、カビが生えます。ぶどうも同じです。たとえばココ・ファームの畑は、森に囲まれています。そして木を伐採すると風通しがよくなります。それがテロワール。そこにはかなり複雑な要素がふくまれているのです。フランスでは、「グー・ド・テロワール」（土地の味）という言い方があります。どのワインも、理想的にはそのヴィンヤード（ぶどう畑）の香り（風味）を伝えるべきものなのです。ワインには畑をとりまく環境――土壌や天候――が反映されます。斜面を利用した畑であれば、日当たりや水はけの良さがワインに表れる。平地の畑で土壌が良く、水分が多い場合は、べつの香りがするはずです。フランスには、アペラシオン・ドリジーヌ・コントロレ（原産地統制呼称）というシステムがあります。ラベルに畑の名前（あるいはつくり手の名前）を入れる。それは、一つにはそういう意味があるのです。つまり、それぞれのテロワールを反映したワインをつくるという基本的な前提があるわけです。

私がグレートワイン、すばらしいワインに求められる大切な要素と考えているのは、一つにはワインがそのテロワール、畑を反映していること。ワインの中に、そのヴィンヤードの味が感じられることなのです。

Croyant au pouvoir curatif de la Forêt et du Soleil
Où les chênes et le hêtres
Et parfois nous intimedent
A la fête des vendanges
Les gens de la ville viennent fêter avec eux
La saison fertile et la joie de vivre.
Alors tous s'énivrent et flottent dans les champs.
Cependant, au plus profond de la cave
Creusée au flanc des coteaux
Le vin continue tranquillement à pétiller
Et à émaner les lueurs blanches.
Monotnone, peut-être comme la vie
Ces saints de la vallée, ils chantent
Qui soigne et libère à l'ivresse
C'est bien clair
C'est l'enchantement des

2 ― ココ・ファームでワインづくりに加わる

ココ・ファーム＆ワイナリーの母体である「こころみ学園」は、足利で特殊学級の教師をしていた川田昇氏が学級の生徒たちや仲間とともに一九六九年に手づくりで立ち上げた知的障害者のための施設。愛情をこめて「子ども」と呼ばれている園生と、教師、ワイナリーのスタッフが、障害者、健常者の区別なしにともに働いて作物をつくりだし、心身の健やかさを獲得していくというユニークな場所である。川田園長の長女、池上知恵子さんがココ・ファームの責任者を、次女の越知眞知子さんが学園の責任者を務めている。

思いがけない日本からの誘い

ワインづくりになぜ日本を選んだのかとよく聞かれますが、私が選んだわけではなく、日本が私を選んだのです。つまりココ・ファームのほうから、連絡を受けたのがきっかけでした。当時ココ・ファームは、ワインをつくるために自分の畑のぶどう以外に、カリフォルニアから輸入したぶどうも使っていました。外国から輸入したぶどうを圧搾して醱酵させ、瓶詰めをする。多くの国でそういうことは禁止になりましたが、当時の日本ではまだそれが許されており、ココ・ファームもカリフォルニアからぶどうを輸入していたわけです。

ココ・ファームがぶどうを買いつけるため、最初にカリフォルニアでつてを探したときに連絡をとったのが、ワインをつくっていると同時にぶどうの売買もしている、フレッドとマットのクライン兄弟でした。兄弟は、ぶどうを確保してココ・ファームに送ることを承諾し、その取引が二年続きました。そして一九八八年だったと思いますが、マットが自分たちのぶどうでどんなワインがつくられているのかを見学しに、ココ・ファームを訪れたのです。園長とその家族（知恵子さん、眞知子さん）が彼を案内し、最後に園長がマットから買い入れたぶどうでつくったワインを、一緒に飲もうと誘いました。そして自分たちがつくったワインをどう思うか、マットに訊ねたのです。マットはとても正直な人間なので、「まあ、わるくはないけれど、もう少し頑張れば、もっと良いものができると思う」と答えました。園長は興味津々で、「もう少し頑張れば」というのは、どういう意味か訊ね、マットがいくつか技術的な問題、タンクの洗浄や酸化防止の方法やワインのバランスとはなにかなど、現代のワインづくりで基本的なことについて話をしたのです。園長はさらに興味をもち、誰かそういうことを教えてくれる人材を知らないかと、マットに訊ねました。そのとき、私の名前が挙がったのです。

そこでココ・ファームが、私に連絡をしてきたわけです。一九八九年の春に最初に連絡を受けたとき、私は冗談かと思いました。まさか日本でワインがつくられているとは、思ってもいなかったので（笑）。でも話を聞いているうちに、コンサルタントとして私にワインづくりを指導してもらいたいという依頼が、本気だとわかりました。それで「とても光栄ですが、引き受けられません。ナパの仕事が忙しいし、日本は遠すぎるし」と断ったのです。

ところが、ココ・ファームは引き下がりませんでした。園長は熱心で、何度も連絡してきて、粘り強く説得を続けました。そのたびに私は行けないと返事をしたのです。そんな問答のあと、最後にココ・ファーム側から、「こちらからサンフランシスコへ人を送りますので、ランチを一緒にしてください」と言ってきました。私は、「あーあ」と（笑）。私はナパに住んでいて、サンフランシスコまでは車で一時間。でも相手はわざわざ遠い日本からやってくるのです。だとしたら、サンフランシスコでランチをしないわけにいきません。考えているうちに、ためらう気持ち、「ノー」という気持ちがどんどん減っていきました。そしてココ・ファームに対する興味が、ふくらんだのです。おもしろそうだし、新しいことに挑戦してみたいなと。日本からわざわざ誰かが私に会いにくるということにも、感激しました。その相手というのが、池上比沙之さんでした。

私はそんなわけで、遠い日本からやってきた池上さんと、通訳兼仲介役のヨーコさんもまじえて、サンフランシスコで食事をしました。そしてランチの最後に彼から「日本にきてくれますか？」と聞かれたとき、なぜだか自分でもわからないのですが、ふと気づくと「オーケー」と答えていたのです。あらためて考えてみると、私たちはたがいにワインの話やこころみ学園の話は

それほどしませんでした。話したのはジャズのこと。ジェームス・ブラッド・ウルマーという、とても変わったジャズミュージシャンの話と、ジミ・ヘンドリックスの話。あのときのランチで、覚えているのは、おもにそんなことだけです。なぜ自分があのとき最後に「オーケー」と返事をしたのか、いまでもわかりません。

でも、思い返してみると、たしかにこころみ学園とココ・ファームの話もしたのです。そして学園がやろうとしていること、障害のある人たちと一緒に仕事をするということに、大きな興味を引かれたのも事実です。私はときどき、ワインづくりに少しばかり自己満足的な部分を感じることがあります。ワインは嗜好品です。明日なくなっても、人は生きていける。私にとっては猛烈に大切なものですが、家族や友だち以上に大切ということはありません。ワインがなくても、生きていくうえで支障はない。ワインが人をしあわせにすることは、たしかです。それは悪くない。でもしょせん嗜好品、贅沢品です。私はカトリック系の家庭に生まれました。その影響もあり、自分が宗教的な人間かどうかはべつとして、道徳的なことや人助けを大切にしたいという気持ちがつねにあります。そのような面からココ・ファームでの仕事について改めて考えてみると、自分にとって良いことに思えました。ほかの人を助けると同時に、自分が目指すワインづくりができそうな気がして、興味を引かれたのです。私は池上比沙之さんとランチをし、ウルマーの話をし、「オーケー」と言った。そして、日本に行くことにした。それが、そもそもの発端でした。

すべてが驚きだったココ・ファームでの初日

サンフランシスコで比沙之さんと話をしたのは八八年の夏、私が実際に日本にきたのは八九年の十月です。そして目にしたのは、自分のそれまでの体験がほとんど通用しない世界でした。私は、日本について実際には何ひとつ知らなかったのです。私はその点では典型的なアメリカ人でした。パスポートがあったので、いろいろなところに出かけましたが、アメリカ以外の場所に長く住んだ経験は一度もなかった。当時のアメリカで「日本」というと、私が知っていたのはサムライ、富士山、テンプラ、スシ、コンニチハ、アリガトウ、サヨナラ（笑）。日本とアメリカが戦争をしたことも、その戦争が終わったことも知っていましたが（笑）。

つまり私は日本についてもココ・ファームについても知識は無にひとしく、日本語はわからないままま、闇雲にやってきたわけです。しかもそのときは、数か月体験して様子を知ろうというくらいの気持ちでした。比沙之さん、仲介役のヨーコさん、園長先生から聞いていた話では、基本的には、きてみて興味があれば手伝ってほしい、ワインの質を上げるためのアドバイスをしてくれればありがたい、ということでした。私自身とココ・ファームが、たがいに深く関わりあうような提案ではなかったのです。園長自身も、私が日本に住みついて、長い長いあいだ、これほど深く関わるようになるとは考えていなかったと思います。私も自分になにができるかわからず、とりあえずは六か月くらいと考えていました。まだナパのコンサルタントの仕事を続けていて、六か月の休暇をもらって日本にきたわけですから。

日本の気象条件については気候パターンとか降雨量とかを調べて、ワインづくりはかなり大変だろうと、予想がついていました。でも、実際にきてみるまで、本当のところはわからなかった。それに「こころみ学園」については、想像もつきませんでした。どんな話を聞かされても、いくら頭で想像してみても無駄でした。きてみてはじめて「わーすごいな」とわかった。「やるなー」、「やってるねー」と（笑）。

アメリカから日本への旅で覚えているのは車、飛行機、バス、電車、車、そしてここに到着したことだけです。ずいぶん長い時間がかかり、へとへとに疲れ、誰と会うのか、誰が誰なのかもわからないまま、やってきたわけです。比沙之さんが成田で出迎えてくれて、新幹線で小山に行き、小山ではクマと呼ばれていたこころみ学園の宮沢先生が待っていて、マイクロバスで足利のココ・ファームまで連れてきてくれました。

なにもかもが初体験でした。自分が知っていることと重なるものはなに一つなかったのです。私はわくわくすると同時に、猛烈に混乱もしました。言葉が通じないので誰とも話ができず、なにがどうなっているのか、さっぱりわかりませんでした。そんな状態で着いた最初の日に、夕食に行きました。足利の市内のレストランで、典型的な和風宴会場でした。お座敷に並んだ長いテーブルの前に、沢山の人が座っていました。私は、集まっているのがどういう人たちなのかわからず。靴をぬがなくてはいけないことも、どこに座るべきかもわからず。ハローと声をかけて、「誰か英語のわかる人はいますか」と訊ねると、手を挙げたのはほんの数人だけ（笑）。そして宴会がはじまり、おいしい料理が出て、私が箸を使うのを見て「おー」と、みんな驚いていました。アメリカでも中華料理店では箸を使って食べます。私も子どものころから中華のレストランによく行きましたから、箸には慣れていたのです。ニューヨークでも、チャイナタウンではおいしい中華料理が食べられます。そしてあまり高級ではない店では、割り箸にトゲがあるので、割った箸をたがいにこすりあわせて、トゲをとる。それを私がやると、みんなが笑いました。

日本酒はアメリカでも飲んだことがありましたが、当時のアメリカで出される日本酒は猛烈な熱燗で、味もそんなによくなかったし、値段も高かった。日本レストランというと、ベニハナくらいしかありませんでした。いまはとてもいいスシ屋とか居酒屋とかがありますが。当時はベニハナか鉄板焼き。焼き物を裏返すとき、空中高く飛ばしたりして、ショー的なところが強かったのです。

足利に着いて早々のこの宴会では、眞知子さん、比沙之さん、柳瀬先生（ジジと呼ばれていました）など、英語ができる人たちと話をしましたが、園長先生をふくめ、そのほかの人たちとは、直接話ができませんでした。身振り手振りとか単語とかで、フィーリングがつかめる程度で。この宴会はおたがいの顔合わせが目的だったのです。それが日本での初日でした。

勾配三八度、急斜面の畑に驚嘆

着いた翌日、朝食のあとに先生同士のミーティングがありました。当時は古い大きなドラム缶に薪《まき》をくべて、その回りに集まったのです。手をかざして体を温めながら、その日の予定を話します。そこで私が紹介され、畑のある場所に案内してもらいました。

そして目の前に広がる畑を見て、度肝を抜かれました。まずその斜面の急なこと（勾配三八度、標高二〇〇メートル）に驚愕しました。こんな急斜面につくられたぶどう畑は、アメリカでは見たことも聞いたこともありません。外国からワインの専門家がここにきたとき、この畑を目の前にすると、立ち止まってまず口にするのが、「マイ・ガッド（すごい）、ワーオ、モンデュー（たまげた）！」です（笑）。

これほどの急斜面で上から下まで平棚づくりで畑をつくっているというのは、本当に驚きです。すごいと思いました。どうやってつくったのか、見当もつきませんでした。あとでいろいろ説明を受けて、周りの人たちとの絆があったからこそ、できたことだとわかりました。世界中どこでも、ぶどう畑をつくろうと考えた人がこれほど傾斜が急な土地を前にしたら、ひと目見ただ

勾配38度、標高200メートル、ふもとから頂上まで続くぶどう畑

けで「ま、いいか」とあきらめたでしょう（笑）。斜面が急すぎてすべりやすく、労力があまりに大変すぎます。畑の仕事は、すべて手作業でおこなわなければなりませんから。

この畑とはもうずいぶん長いつきあいになるので意識することはなくなりましたが、いまでもときどき足を止めて「ほんとにすごいなあ」と感嘆してしまいます。急斜面は水はけが良く、ワイン用ぶどうづくりにはとても適しています。日当たりは場所によってちがいますが、それも区画ごとに種類のちがうぶどうを育てられるので、悪いことではありません。日光を欲しがるぶどうもあれば、それほど日光を必要としないぶどうもありますから。地面の下にある岩石も、地質学的に興味深い。非常に古い土なので、ワインに独得の香りをもたらすのです。気候はまったくちがいますが、フランスのコート・デュ・ローヌ、ローヌ川流域の岩質と似ています。

そして急斜面は、ワインづくりに適していると同時に、園長先生の話では「子どもたち」と呼ばれている園生の教育にも効果があります。あの畑で仕事をするときは、子どもたちにかぎらず、誰にでも、手と目の協調した動きが求められますから。とはいえ、すべて手作業なので、とにかく大変です。私も、あの急な斜面で数えきれないほど何度も滑り落ちました。一〇メートルから一五メートルも。

初めてあの斜面を目にしたとき、私は驚くと同時に作業の大変さを思い、「なるほど、とりあえず、これはおいといて」と考えました（笑）。「まずは、蔵に行ってみましょうか」と。私の専門は栽培よりも、おもに醸造です。デイヴィスでも、私は醸造を専攻しました。栽培でもいくつか単位をとり、卒業後もワイナリーで働いたので醸造だけでなく畑についてもいろいろ勉強して知識はありますが。ぶどう栽培は、地域によってつくり方がそれぞれちがってきます。夏のあいだ日中の気温が高くなり、雨が少ない地方でのぶどう栽培と、気温が低くて雨が多く、冬が寒い地方でのぶどう栽培とでは、ちがう技術が必要になります。でも、最初のころから私が理解したのは、ぶどう栽培には唯一絶対の方法はないということです。同じ方法がどの土地にもあてはまるわけではありません。

というわけで、私がはじめてのココ・ファームで実感したのは、カリフォルニアの畑で自分が身につけた知識は、ここではあまり通用しないだろうということでした。カリフォルニアでは、四月の開花期から十月の収穫期までの雨量が、一〇〇ミリくらい。でもここでは、雨量が九〇〇ミリくらいです。ですからココ・ファームの畑では、自分のこれまでの体験にもとづいた方法は教えられないと思いました。体得した知識の一部は活かせるかもしれないけれど、大部分は通用しないと感じたのです。

テイスティングをし、チームの意見を聞く

そこで自分としてはとりあえずワインづくり、つまり醸造技術のほうに集中しようと考えまし

た。ココ・ファームの醸造チームに会い、実際にどんなふうにワインをつくっているか見学して、いくつか質問させてもらいました。そのあとでココ・ファームの現状を知るために、ゲストルームで大きなテーブルを囲み、いろんなワインをテイスティングしたのです。ココ・ファームがワインをつくりはじめたのは一九八四年。新酒のほかにヴィンテージワインもありました。

テイスティングしてみて、なかには酸化して疲れているワインもありましたが、全体としてはそれほど悪くないと思いました。ただ、一番の問題はどれもみな甘すぎることでした。すべてテイスティングをしたところで、園長先生にどう思うか聞かれました。私は自分の感想を言う前に、「みなさんは、どう思いますか?」と訊ねました。その場には園長一家とワインづくりのスタッフ、先生たちも集まっていました。「どう思う?」と訊ねても、みんなとても日本的で、意味のあるコメントは誰も口にしませんでした(笑)。いいとも悪いとも言わないのです。コンサルタントで最初に大切なのは、自分からコメントすることではなく、まず相手の意見を聞くことです。優秀なコンサルタントになるには、「聞く」ことが大事。まずはクライアントがなにを望み、なにを考えているかを把握する必要があります。なぜ自分が呼ばれたのか、相手がなにを実現したいのかを知ることが大切です。

私がコンサルタントとして加わるなら、ワインづくりのすべての工程に参加させてもらわないと仕事になりません。そこでまずはココ・ファームのワインづくりの工程をオープンにしてもらい、全員の意見を聞きたいと考えました。そしてワインについて実際に意見を求めたのですが、きちんと意見を言う人はほとんどいませんでした。「そうですねー、わるくないけどー」（笑）という感じ。「まあ、飲めますよ。甘くておいしい」（笑）とか。いまから二十数年前の当時、日本ではいいワインについての基準がまったくなく、誰もが自分の意見に自信がなかったのです。でも、私はそのミーティングで少しは理解できましたし、人間関係についてもいくらかわかりました。そしてもっと民主的なやり方で全員が情報を共有し、誰もがそれぞれ意見をもつことが大事だと感じました。

いまでも覚えているのは、「なぜこういうワインをつくっているのか」という質問に、時間をかけたことです。というのも、どのワインも甘かったからです。いろんな種類の甲州ナイアガラからつくられた白ワイン、そしてロゼ、赤ワイン、どれもみなすごく甘かった。「悪くない、おいしいけど、二級品はつくりたくない。これらのワインをつくるとき、お客さんがどういうときに、どこで飲むと想像していますか？」と訊ねました。ディナーのテーブルか、ベランダか、日曜の昼下がりか、ランチのときか、それとも誰かへのプレゼント用か。いまでも、それに対して明確に答えられる人はいません。

甘いワイン全盛の日本で、すっぱいワインを目指す

そのころの日本でつくられているワインは甘いものが主流で、ふつうの人がイメージするのは、基本的には赤玉ポートワインでした。ワインではなく、〝ぶどう酒〟だったのです。グレープジュースにアルコールが少しまじっているような感じの味。日本でのそういうワイン事情を、私はそのときはじめて知りました。イタリア系アメリカ人として育った私にとって、ワインというのはドライで、料理と相性がよく、沢山飲めるものでした。「沢山飲める」というのは、つくり手にとって大切なポイントです。売れないと困りますから。私がそのように説明すると、みんな理解したかどうかはわかりませんが、「いいんじゃない?」と、とにかく賛成してくれました。話の内容はわからなくても、なにしろ相手は、カリフォルニアからきたコンサルタントだから(笑)。

というわけで、私が加わった八九年の秋に最初にみんなで手がけたのは、ワインをそれまでよりずっと辛口にすることでした。そして、ココ・ファームの顧客からは、即座にとてもとても悪い反応が返ってきました。「すっぱい! これは飲めない!」「まずくなった、どうしたの? あのガイジン帰ったほうがいいんじゃない?」(笑)。そんなコメントばかりでした。

そこで園長も、「たぶん、もう少し甘くしたほうがいいかもしれない」と(笑)。すべてを辛口にするのではなく、甘口もつくったほうがいいというわけです。私はすぐさま理解しました。ぶ

どう栽培についてのアドバイスはあまりできないうえ、醸造のほうでも、いいアドバイスはできそうもない。アドバイスができるとしても、その範囲はごく限られるのではないかと悩みました。当時の私には、日本ではどんな人が、どんな人たちと、どんなときにワインを飲むのか、その背景がわからなかったからです。自分は、ここではあまり役に立たないのではないか、適任ではないのではないかと、考えてしまいました。そして契約の六か月がすぎたところで、私はもう一度頼まれても、自分はあまり役に立ちそうもないからと断るつもりで、九〇年の春にいったん帰国しました。アメリカに帰り、ナパで以前と同じコンサルティングの仕事を続けたのです。

でもそのあいだに園長から連絡があり、もどってきてほしいと頼まれました。そのとき私は、ココ・ファームにもどる決心をしたのです。理由はいくつかあります。日本をよく理解できるようになったら、自分にもアドバイスできることがあるかもしれない。あっさりあきらめるのではなく、もうちょっと粘り強くやってみるほうが、いいのではないか。こころみ学園の子どもたちと一緒に作業するのは楽しいし、やりがいを感じる。彼らとは気持ちよく仕事ができそうだ。大変にはちがいないが、心が躍る。コンサルタントの仕事もそれなりに魅力はあるが、仕事の内容はだいたい決まっていて、あまり変化はない。そんなふうに考えて決断し、ナパの仕事を辞めて、九〇年の秋に足利にもどることにしました。

そして一回目の契約期間が終わり、二回目の仕事をはじめるまでの合間の夏に、私は一度、ココ・ファームを訪ねてみました。その年の春、アメリカに帰る前に、私はワインづくりに必要な作業について指示をいくつか残したのです。ところが夏にきてみると、それがまったく実行されていなかった。私はがっかりしました。調べてみると、私の指示がみんなに理解されていなかったことがわかったのです。スタッフには経験がなく、化学反応の工程も理解しておらず、作業がなぜ必要なのかわからなかった。ですから、仕方がなかったことではありました。やる気の問題もあったと思います。ココ・ファームに私がいてはっぱをかけ、教育できていたら、ちがっていたかもしれません。でも、スタッフだけでやるのはむずかしかったのです。これは、コンサルタントの仕事の範囲を超えていました。コンサルタントというのは、相手方の意向を聞いて、それを実現するための方法をアドバイスし、その二か月後くらいにもどって、結果を確かめる。それが一般的な仕事です。相手もすでに知識や経験がある人たちです。でもココ・ファームでは、ほとんどの人がプロではありませんでした。ワインについての経験や知識が欠けていました。というわけで、私がしばらく滞在することになり、たんなるコンサルタントとしてではなく、ココ・ファームの一員としてワインづくりに取り組むことになったのです。

そして、二年目がはじまりました。このときは、ココ・ファームでのワインづくりの工程を一つずつばらし、改良すべき点を個別に検討していくことにしました。でも実際の仕事にとりかかる前に、まずは日本について理解する必要がありました。

園生と自分が重なる、ガイジンの日々

日本で仕事をしようと決めた動機には、こころみ学園の子どもたち、彼らの面倒をみている園長一家、先生たちの存在が大きかったと思います。日本で二五年暮らしてきたいまでも、なんと大変な仕事だろうと実感します。障害のある人たちは、朝、靴をはくことすら簡単にはできません。そして周りと溶け合いにくいので、日本ではとくに生きづらいのではないでしょうか。日本では周囲と「溶け合う」こと、「一員になる」ことがとても重要です。外国人から見ると、「われわれニッポン人」という言い方にも、それが感じられます。アメリカでは「われわれアメリカ人」と言ってもあまり意味がありません。アメリカには多種多様な人が集まっていますから。逆に自己表現、自己主張、独立などが、アメリカ文化では重要です。良い意味でも悪い意味でも、それが言えます。かたや日本では、良い意味でも悪い意味でも重んじられるのが、共同体（コミュニティ）、帰属意識、みんなで一緒に仕事をし、同じように暮らし、幸せ感を共有すること。その点、障害のある人たちは日本人だけれども、少しはずれている。それはとてもつらいことだろうと思います。私もその点は似ていて、こころみ学園の子どもたちがそんな私の立場を理解し、感じているのがわかります。私は日本的な同族意識をもつ集団から、はずれた存在だと実感させられたことが何度かあります。スーパーマーケットで、一人の子どもが私を見て、「ガイジン」と言いました。私は日本語で「ぼくはこの国で君より四倍も長く暮らしているんだよ。ガイ

ジンじゃない、君よりずっと日本人だ」と答えました。でも、私は日本人ではないし、永久に日本人にはなれないでしょう。どんなことをしても、私はやはり少しばかりアウトサイダーであり続けるでしょう。それは変えることができません。障害のある人たちも、似たところがあります。良い意味でも悪い意味でも、それが日本です。

数年前に、「ウォール・ストリート・ジャーナル」のインタビューを受け、その記事がフロントページに載ったことがあります。インタビューで私は、ガイジンが日本で暮らすようになると、ふつうの人たちよりも障害のある人たちのほうに親近感を抱くと話したのです。この記事にはかなり反響がありました。日本に住む大勢のガイジンから「同感する、自分もそう感じた」という内容の手紙をもらったのです。私たちは漢字を読むことができないし、日本語をうまく話せないし、コミュニケーションがとりにくい。日本の文化はほかの多くの国とちがっていて、多くのことを言葉にせず、ニュアンスで伝えるところがあります。暗黙の了解のような部分が多い。たとえば眞知子さんと一緒に打ち合わせなどに行った場合、イエスかノーかが口にされないので、最終的になにも決まらなかったような印象を受けます。一生懸命聞いていても、誰もイエスやノーをはっきり言ったと思えない。それで会合が終わったあと、「今日はなにも決まらなくて、時間を無駄にしたね」と私が言うと、眞知子さんは「いいえ、決まったのよ」と答える。私は「え、いつ？」と驚いてしまいます（笑）。これが日本式。私が誰かに何かを提案すると、「え

ブルース（前列右から2人目）とこころみ学園の仲間たち（2014年夏）

ーと、そうですねー」と言う。「そうですね」と言ったのだから、こちらは賛成なのかと思っているると、終わったあと眞知子さんは、「ちがう、あの人はぜんぜん賛成してなかった」と（笑）。「そうです！」と、「そうですねえー」では、意味がちがうわけです。いまではそのニュアンスのちがいが多少わかるようになりましたが、最初はさっぱりわかりませんでした。

私が日本に長くいるようになったのは、働く場所がこころみ学園だったからこそだと思います。大手メーカーのワイナリーからコンサルタントを依頼されていたら、日本にそう長くはいなかったでしょう。人との関係ももっと型通りの、硬いビジネス的なものになったと思います。でもこころみ学園の子どもたちは、私がどういう人間で、なにをする人かなど知らないし、なにも気にしません。変わったやつが入ってきたな、くらいの感じです（笑）。正直に言って、最初のうち私は周囲でなにが起きているのかまるでわからず、途方にくれました。つまり、いろんな面で私は学園の子どもたちと同じだったのです。私はこころみ学園の中でも、障害が重いほうの園生だったかもしれない（笑）。逆に子どもたちが、私にいろんなことを教えてくれました。お風呂の入り方、お箸の使い方、食べるときのおかずとご飯、お味噌汁の位置など。私が食器をいい加減にトレイの上に並べると、すごく気に入らない顔で、それを並べ替えてくれました。最初は、「いいじゃないか、好きなようにさせてくれよ」と思いましたが、結局は子どもたちのほうが正しくて、私のほうが間違っていたのです。

それに子どもたちは、相手が外国人だろうが日本人だろうが、年寄りだろうが若者だろうが、区別しません。その点も私には楽でした。大きな会社で仕事をしていたら、「ガイジンだから」という意識が、良い意味でも悪い意味でも周囲の人たちのあいだにつねに働いたでしょう。子どもたちはそんなことは、まったく考えません。自分たちの仲間が一人増えたという意識しかないのです。そして私は、たしかに彼らの仲間でした。子どもたちとは、いまでも言葉ではなくボディランゲージでしか通じ合えないことも多いですが、問題はありません。彼らはいつでも私を「先生」ではなく、「ブルースさん」と呼んでくれます。それはとてもうれしいことです。彼らに仲間と思われているわけですから。日本企業の中で働いている「ガイジン」という孤立感は、まったくありません。

個性的なワイン「ミスター・ブラウン」の由来

でもガイジンの場合、日本語がわからないと思われて駐車違反を見逃されるメリット、というのもあったりします（笑）。日本にきたてのころ、足利の国際交流協会からの依頼で、日本で暮らす外国人に役立つビデオづくりにも参加しました。和式トイレの使い方を教える内容で（笑）。「用を足す前にかならずズボンを下げてください」「火事のときは、『カジだ！』と大きな声で叫びましょう」というナレーションに合わせて、その通り実演してみせるのです（笑）。

日本にきて間もない時期に、車の運転免許を取得するため試験場に行ったときのことです。待合室には、同じように免許証の発行を待っている人たちが何人かいました。しばらくすると、「ウィリアム・ブラウンさん」と、係の人が名前を読み上げました。そこにいた外国人は私だけでしたが、名前がちがうのでそのまま座っていました。二時間ほど待っても、まったく私の名前は呼ばれません。もう夕方になり、試験場の閉まる時間が近づいています。待っているのは私一人きりになりました。しばらくして、私の顔を見ながら係の人がまた「ウィリアム・ブラウンさん」と呼んだのです。私は、迷いながらも「はい」と答えました（笑）。そしてめでたく、「ブルース・ガットラヴ」の免許証を取得できたのです。

このときの記念に、「ミスター・ブラウン」というワインもつくりました。ちょっと変わったワインをつくりたくて、白ワイン用の甲州ぶどうを意図的に赤ワインと同じように果皮や種子を果肉と一緒に醗酵させたのです。そうすると白ワインなのに透明ではなく、ほんのり茜《あかね》色をした、味わいの複雑なワインになります。香りが高く、個性的なおもしろいワインができました。いまでも、「甲州F．O．S．*」という名前でつくられています。

＊ＦＯＳは、ファーメンテッド・オン・スキン（皮ごと醗酵させた）の意味。

園長と交わした唯一の契約

私がココ・ファームで働く動機として、こころみ学園の子どもたちの存在はとても重要でした。子どもたちと初めて一緒に仕事をしたとき、彼らが働きたがっていることは、すぐにわかりました。障害のある人たちに「やりがい」を感じさせることが大切だと考えた園長は、一〇〇パーセント正しいと思います。障害のある人たちの教育で、日本もふくめ世界の多くの国でおこなわれている典型的なやり方が、頑丈なコンクリートの建物をつくって彼らを中に入れ、薬をあたえ、飛び上がったり叫んだりするのを抑えようとする方法です。つまり、症状を抑えようとするだけで、大変そうな仕事はあまりあたえない。でも園長は、障害のある子どもにはチャレンジさせることがだいじだと考えたのです。一般的には、障害者に対して「大丈夫、あなたにはできないから、私たちがすべて面倒をみてあげますよ。あなたはなにもしなくていい」という接し方がされます。でも園長は、「なにもしなくていい」という接し方は、子どもたちにとって良くないと考えたのです。障害のある子たちも仕事が好きですし、楽しんで仕事をします。なかには逃げ出したがる子もいますが。でも、たいていの子は本当に仕事をしたいと思っているし、仕事に満足感、達成感を覚えています。

そしてあるとき。園長先生一家とゲストルームで飲んでいるあいだに、私は園長に「本当に良いワインをつくりたいですか?」と、訊ねました。園長は「つくりたい」と答えました。そのとき私は、このココ・ファームで「障害のある人たちがつくっているから、これで充分」という限界は設けたくないと話しました。良いワインをつくりたいのであれば、つくり手がどんな人かは関係なく、最高の努力をして最高のものをつくりたいと言ったのです。園長は、とても喜びました。それが園長と私が交わした唯一の契約でした。

障害のある子どもたちと一緒につくるからといって、特別の計画を立てたわけではありません し、教育しようとも考えませんでした。ただ、園長のやりたいことを、私も実現しようと思っただけです。そして障害のある子どもの仕事だからここまでという限界も設けませんでした。園長の言うとおり、つらい仕事、できそうもない仕事でも、「やってんべ*」スピリットで、やってみたのです。できるかどうか、やってみなければわからないのですから。ゴールや制限を設けてなにかをするのではなく、いいワインをつくるため、とにかくできるだけやってみる、それだけでした。

＊「やってみよう」の栃木弁。こころみ学園発足のときネーミングがなかなか決まらず、一時は「やってんべ学園」という案が浮上したこともあった。

まずは畑を回り、ぶどうの質を確かめる

ココ・ファームのワインづくりで基本的に目指したのは、それまでよりクリーンでドライなワインをつくることでした。そのためまず畑を歩き回って、最高の果実を探し、畑に対する理解を

深めることにしました。ココ・ファームの急斜面の、頂上に近いあたりは土が浅く、風通しが良く、日当たりも最高に良い。そこで採れるぶどうと、ふもとのほうで採れるぶどうとは、まったく内容がちがいます。ふもとのほうは土が深く、風通しも日当たりも山の上にくらべて良くありません。同じぶどうでも、場所によって出来がちがうのです。赤見農園（一九八六年に佐野市赤見に開墾したぶどう畑）のぶどうには、またべつの個性があります。品種もちがうし、可能性もちがいます。

世界のどこでも、原則としては丘の頂上のほうは土が浅く、風通しも日当たりも良すぎるので、あまり良いぶどうが採れません。丘の中腹が最高の部分で、最高格付けワイン用のぶどうは大抵そのあたりで採れます。ただし、土の内容は均一ではないし、地下水の状態も異なる可能性があり、いろんな要素がからむので一概には言えません。

私たちはココ・ファームの畑のほかに、ココ・ファームでぶどうを仕入れている契約農家の畑も訪ねて、畑ごとにぶどうの可能性を調べました。ぶどうの実のサイズを測り、どこの畑のどの場所でどんな品種のぶどうが採れるのかを調べたのです。それがワインの味を決めますから。

眞知子さんと一緒に畑を回り、ぶどうを採ってはコンテナに入れ、ぶどうの重さ、大きさを計測しました。一般的に、小粒のぶどうほどいいワインができます。理由は、ぶどうは果皮のすぐ下の部分に、香り成分（アロマ）が詰まっているからです。それがうまみやこくをつくり出すのです。そして大粒のぶどうよりも、小粒のぶどうのほうが、果肉の量に対する果皮の割合が大きくなります。大粒になると、果肉の量に対する果皮の割合が少なくなる。そのため大粒のぶどうの場合は、果皮に近い部分に集まるアロマが凝縮されていなくて、香りが薄くなります。小粒のぶどうほど果肉に対する果皮の割合が大きいので、アロマが凝縮されているのです。

山梨の契約農家の畑でも、同じようにぶどうの質を調べました。そして、いろいろと問題があることがわかりました。山梨では加工用のぶどうと、生食用のぶどうの両方を栽培していて、生食用は一キロ五〇〇円から六〇〇円、ワインをつくるための加工用ぶどうは一キロ二〇〇円くらい。同じ甲州ぶどうでも、生食用と加工用に分かれていました。私は畑のどの場所で生食用の甲州を、どの場所で加工用の甲州を育てているのか訊ねました。すると畑のオーナーは「はあ？」と（笑）。質問の仕方が間違っていたのだろうかと、考えてしまいました。そしてやっとわかったのです。生食用と加工用と区別して栽培しているわけではなく、基本的には生食用のぶどうしかつくらず、その中の傷ものや採れすぎたものを、捨てるかワイン用として売っていたのです。私は、これは、幸先がよくないと思いました（笑）。加工用は「クズぶどう」と呼ばれていました。ワイナリーの数がいまほど多くなくて、予算が限られていたせいもあるでしょう。日本製ワインはあまり質が良くなかったし、消費者は限られていましたから。

カビのついたぶどうからは、クリーンなワインはつくれません。そこで私たちは、栽培農家が送ってきたぶどうから、カビたり腐ったりしたぶどうを一つずつとりのぞきました。これはじつに大変な作業で、ココ・ファームにしかできなかったと思います。コンテナの中の大量のぶどうを、房ごとにえり分けて、悪いものは鋏《はさみ》で切り落とし、きれいな果実だけをべつのコンテナに入れたのです。猛烈に根気のいる大変な作業でしたが、それが必要でした。そして栽培農家には、カビに冒された悪い果実を送らないように頼みました。

私は、生食用のぶどうをどのようにつくっているのかについても、農家の人たちに訊ねました。その結果、畑にたっぷり肥料をやり、収穫のときは見た目でぶどうを選び、大粒系を優先させていることがわかりました。大粒のほうがおいしそうに見えるし、形が揃ったもののほうが喜ばれるからです。生食用なので、基本的には「甘さ」だけを重視していました。このぶどうをワインにしたら、どんな味になるかということは、なにも考えられていなかったのです。店で売られる生食用のぶどうは、たいてい糖度が一四～一五パーセント。ワイン用に適しているのは、糖度が二〇～二三パーセントです。ワイン用のぶどうは収穫まで長く待たないといけないし、大粒ではなく小粒のほうがいい。それに値段が高すぎるからもっと安くしてください、などと私が言うので、とても嫌がられました（笑）。

私が加わった最初の時期には、カリフォルニアから買いつけたぶどうとこころみ学園の畑のぶどうの両方を使って、良いワインができました。ワインづくりの現代的な技法から遠ざかったことも、その原因の一つです。それまでよりも、ぶどうそのものの性質を生かしたワインづくりをするようになったのです。そして、たとえばカリフォルニアのぶどうだけを使った場合、あるいはカリフォルニアのぶどうを使ったワインと日本のぶどうを使ったワインをブレンドした場合、なども試しました。ブレンドすると、日本のワインの特徴はまったく消えてしまいました。それでわかったのは、日本のワインは性格が弱いということです。現在でも日本のワインは、外国ワインにくらべて繊細です。それはテロワールのせいです。雨が多いので、土に水分が多く、ぶどうの果実も水気が多くなる。味が薄くなる。濃縮感がそれほどなく、さっぱりした味わいです。ブレンドしてみると、日本のワインの気配はほとんど感じられなくなります。それでも私は、日本のワインは日本のぶどうでつくるほうが、独自のものになると考えました。

目標は、ここでしかできないワインをつくること

でも当面は、こころみ学園の畑や契約農家の畑もふくめて、畑について考えるのは後回しにしました。最初の五年間ほどは、畑についてはあまり時間をかけず、まず醸造のほうの改善に取り組んだのです。

現代のワインづくりには、いくつか方法があります。冷却装置つきのステンレスタンクを使って意図通りの低温で醱酵させる方法や、醱酵用の酵母に花のような芳香のする特別な培養酵母を

使う方法などです。いずれも、世界のワイン産業でこの五〇年ほどのあいだに開発されました。これらは、一般受けしやすいワイン、飲みやすくて魅力があり、値段も手ごろで沢山売れるワインをつくるのに、とても便利な方法です。いま私たちが飲んでいるワイン、レストランで出されるグラスワイン、スーパーで売られているワイン、スクリューキャップの安価なワイン、九八〇円くらいのチリ製ワインなどは、たいていこの方法でつくられています。問題はこの方法を使うと、誰がつくってもワインの味が似てしまうこと。どのワインも同じ味がするとしたら、ワインを選ぶとき、買い手はなにをポイントにするでしょう。

それは、値段です。そしてワイン選びで値段が決め手になるとしたら、日本のワインはおそらくつねに負けるでしょう。外国のワインは日本まで送られてくるのですから、もちろん輸送代がかかる。税金もかかる。日本産のワインにその費用はかかりません。それでも、日本産ワインはチリ、オーストラリア、南フランスなど外国産ワインにくらべて、そのほかのすべてのコスト（土地代、人件費、原料となるぶどう代、ボトルなどの材料費）が高い。しかも日本では、気候条件のせいで安くて質の高いぶどうを生産するのがむずかしい。土地代が高いため、日本の畑は海外の畑にくらべてはるかに狭いです。山梨では（現在は変わっているかもしれませんが）、ぶどう畑の平均的な広さは一ヘクタール以下でした。カリフォルニアでは、一〇〇〜二〇〇ヘクタールの広さがある畑はざらです。五〇〇ヘクタールのぶどう畑もあります。大きな畑では手作業ではなく、機械で作業がおこなわれます。ですから人件費もかからず、ぶどうが日本よりはるかに安く栽培できる。というわけで、日本では安くておいしいワインを大量につくるのがむずかしいのです。

では日本で、このココ・ファームでワインをつくるには、なにを目標にすべきでしょう。知恵子さんや園長先生とまず話し合ったのは、そのことでした。結論は独自のワイン、ほかのどこでもできないワインをつくること、ここの畑、このワイナリーでしかできないものをつくることでした。

醗酵方法を生詰め方式に変える

独自のワインをつくるために、実際にとりかかったことの一つが、醗酵方法の見直しでした。ワインづくりでは酵母がぶどうの糖分を食べ、それがエネルギー源になり、炭酸ガスとアルコールと熱が発生します。醗酵過程のワインを毎日計測すると、糖度が下がり、アルコール度が上がっていくのがわかります。このときすべての糖分を酵母に食べさせ、糖分をすべてアルコールに変えると、ドライワインになります。糖分が完全にアルコールに変わる前に醗酵を止める、つまり糖分（残糖と呼ばれます）を残しておくと、甘いワインになります。赤も白も同じです。ワインを瓶に入れたあと、酵母を加えてコルクで栓をすると、酵母が活性化し、瓶の中で二次醗酵を起こします。この二次醱酵を意図的におこなうと、スパークリングワインができます。でも意図せずに二次醱酵が続いて、二酸化炭素が増えると不安定なワインになります。そんなワインを買ってくると、あるとき突然ポン！　とコルクが飛んで、絨毯《じゅうたん》に赤ワインが飛び散る、ということが起きるかもしれません（笑）。

では、瓶の中で二次醱酵をしない、安定したワインをつくるにはどうすれば良いのか。二〇年前、ココ・ファームもふくめて、日本でたいていの醸造家がおこなっていたのが、「火入れ方式」と呼ばれる方法でした。日本酒で使われている、熱を加える方法です。具体的にはワインを瓶詰めしてコルクで栓をし、その瓶を熱い湯（摂氏六〇～八〇度）の中に長時間浸けておきます。すると瓶の中が熱せられて酵母が死に、二次醱酵が食いとめられます。牛乳でおこなわれている低温殺菌の方法を、ワインでもおこなうわけです。問題は、ワインはとてもデリケートなので、六〇～八〇度の熱を加えると酵母は死にますが、同時にワインのアロマ（風味）も損なわれてしまうことです。そこで私たちは、海外では一般的ですが、二〇年前の日本ではほとんどおこなわれていなかった、無菌濾過《ろか》の方法をとることにしました。「生詰め」とも呼ばれる方法です。

これは、ホースを使ってワインをタンクから吸い上げ、その途中で無菌濾過器を通す方法です。つまり非常に目の細かいフィルターで濾過し、酵母を取り除くのです。そのあとで瓶に栓をすれば、酵母が取り除かれているため二次醱酵はしなくなります。それが無菌濾過。この方法は火入れ方式よりも手がかかり、むずかしさもあります。菌のない清潔な状態で作業をおこなわねばならないからです。濾過の作業は完全な無菌状態でおこなわないといけません。床をはじめ、ワインを吸い上げるホース、周辺の部品などすべてを殺菌し、完全な無菌状態にするのです。無菌濾過をおこなうときは、朝、早起きして、蒸気ボイラーにつないだホースで、一時間くらい非常に高温の蒸気をフィラー（ワインの充填機）に吹きかけて、殺菌をおこないます。とても高温なので、ワインの中のすべての黴菌《ばいきん》、そして酵母が死にます。それが終わったら、冷しに入りますが、手で触ったりはしません。手に黴菌や酵母がついているかもしれませんから。とても注意深く、神経を使う必要があります。フィラーにつながったホースを、濾過器の出口につなぐときも、慎重にしないといけません。実行するにはかなり技術が必要です。

瓶詰めの作業中に、瓶になにかの拍子に酵母菌が入ってしまうと再醱酵が起きて、すべてが台無しになります。瓶詰めをおこなう日の朝はヨーグルトなど、乳酸菌の入ったものは口にしないように気をつけます。乳酸菌がワインの中に紛れ込んで、醱酵をうながすかもしれませんから。作業の前には、効果の高い洗浄剤で手をきれいに洗います。そして瓶詰めをする部屋の入口には、塩素を入れた水桶を用意しておきます。その日は全員ゴムの長靴を履きますが、その長靴を塩素入りの水桶に浸けて殺菌します。外から雑菌や酵母を持ち込まないよう、あらゆることに気を配るわけです。

火入れ方式の場合は、どんな状態のものであっても、最終的には瓶詰めしたものに熱を加えれば殺菌できるので、清潔さにこだわる必要はありません。でも生詰め方式の場合は、完全に殺菌した状態を保つことが条件になるので、作業がはるかにむずかしいのです。障害のある子どもたちに作業をまかせる場合は、とくにむずかしい。なにしろ目に見えないものについて、注意するようにと頼むわけですから（笑）。洗ったあと、見た目はきれいなのに「それはまだ充分じゃないね」と言われるので、みんなとても苦労しました。でも、とにかく私たちは挑戦しては乗り越えました。ワインを摂氏六〇度から八〇度の高温で熱する火入れ方式では、フルーティーさは損なわれ、味に深みがなくなります。つくり方を変えたため、比較的早い速度で数年のうちにワインの質はかなり向上しました。安定した、フレッシュでフルーティーなワインができるようになったのです。

野生酵母を使って自然醱酵の方法をとる

そして私たちはココ・ファーム独自のワインづくりのために、ほかのメーカーのような培養酵母を使って低温醱酵させる方法も、やめることにしました。冷却装置つきのステンレスタンクで培養酵母を低温醱酵させると、エステルという化合物が発生します。それがバラやバナナ、パッションフルーツなどに似た芳香をつくりだすのです。低温にすればするほど、その香りが強くなる。低温醱酵はステンレスタンクと冷却用の装置さえあれば、世界のどこでも誰でもできる方法です。でも、ココ・ファームが目指したのは、自分たちにしかできないワインをつくることでした。ですからほかの誰もが使っている現代的な技術は、使わないことにしました。フランスのワインメーカーは、この現代的な低温醱酵の製法を「マキヤージュ（化粧）」と呼んでいます。以前私は、日本の北の地方でお酒をつくっている酒蔵を訪ねて、杜氏たちと話したことがあります。彼らも、お酒をつくるときの、そのたぐいの技術を「厚化粧」と呼んでいました——これはまったくの偶然ですが。

私はそのとき杜氏たちに「自分で飲むときは、なにを飲みますか？」と聞いてみました。彼らは仕事柄さまざまな日本酒を飲んでいます。でも杜氏の人たちの誰もが、自分で飲むときは大吟醸ではなく、吟醸でもなく、本醸造を飲むと答えました。吟醸酒は流行《はや》りなので、賞をとるためにつくっている、あるいは日本酒をあまり知らない人のためにつくっている、というのです。味はとてもフルーティーで、まるでワインのようです。大吟醸も吟醸も、五〇年ほど前までは日本酒造りで使われていなかった新しい技法でつくられています。杜氏の中には、そういうお酒を「厚化粧だね、ごまかしだよ」と言う人もいました。同じことがワインでも起きているのです。日本にかぎらず、世界のどこでも。

それが、「自然派」（という言葉はあまり好きではありませんが）のワインに注目が集まるようになった理由の一つでしょう。私は、ワインにとってむずかしい条件が多い日本のココ・ファームでワインをつくる場合、長期的に見て大事なのは、ここでしかできないワインをつくることだと考えました。つまりここの土が産むワインです。そのために現代的な技術には、頼りすぎないようにする。それが最初に基本として目指したことでした。

というわけで、ココ・ファームでの最初の二、三年間は、園長先生、知恵子さん、眞知子さんたちとそういう問題について話し合い、試行錯誤しながら新たな方向を決めていったのです。

製法を変えた一年目の一九九一年には、野生酵母だけを使って、ワインをつくりました。野生酵母だけを使う方法には、プラス面とマイナス面があり、危険もともないます。培養酵母を使うと失敗が少ないし、魅力的な香りのワインができます。でも、私たちはこの土地独得のワインをつくりたかったので、野生酵母だけを使うことにしたのです。

培養酵母は、野生酵母より安定していて、イースト産業が生み出した独得の性格があります。たとえばぶどう液が八千リットル入っているタンクの中に、培養酵母を入れてゆっくりかき回しておくと、翌朝には醱酵して泡がぷくぷく出て、醱酵の香りがします。野生酵母の場合は、そんなに早くは醱酵しません。野生酵母を使う場合は、自然の力にまかせるしかないのです。ぶどうを圧搾してジュースをタンクに入れたあとなにも加えないままだと、翌日タンクの蓋を開けても静かで、まったく変化がありません。醱酵がはじまるまで、一週間から一〇日かかる場合もあります。ぶどうジュースには雑菌が多く不安定で、だめになる可能性もあるのです。でも、いったん醱酵がはじまれば、安定します。醱酵をうながす酵母の数はとても多く、ほかの微生物が酵母に負けてしまうからです。そして酵母はアルコールをつくり出すので消毒にもなり、菌が減ります。ですからいったん醱酵がはじまれば、ようやく一安心できます。というわけで、自然醱酵はリスクが高く、タンク一個分のワインが一晩でだめになる可能性もあります。ワインの値段に換算すると二千万円分くらいの損害になるのです。醸造部の柴田豊一郎君は、仕込みの時期にはあまり眠れなかったでしょう。うまくいくかどうか、心配で。

そんなリスクを冒してまで、なぜこの方法をとるのか。それは、くり返しになりますが、培養酵母を使えば、ほかのワインと似たものになってしまうからです。培養酵母を使う理由は、一つには安定した醱酵が早くえられるため、そして魅力的な香りのワインがつくれるためです。でも、人にたとえてみると、あまりなにも考えず、疑問も抱かずにきちんと沢山仕事をこなす働き者と、道草など食う怠け者。どちらがおもしろい仕事をするかというと……。多くの場合、ちょっと変わり者のほうです。培養酵母は、きちんときまった仕事をするのに適していますが、そのほかの仕事はしない。野生酵母は、あまり働き者とは言えませんが、おもしろいことを沢山します。興味深い化学合成を起こして、思いがけない良い香りなどを生み出すのです。

そしてさらに、野生酵母を使うと、一種類だけではなく三、四種類の酵母が時間を置いて醱酵し、それぞれべつの香りをもたらすので、味わいが複雑になります。言い換えると野生酵母にもいろいろあり、結果がわからないというリスクもあるわけです。どんな酵母が発生し、どの酵母の力が強くなるかわからない。良い酵母が育ち、良くない酵母が消えるようにタンクの中の環境を管理しますが、限界があります。毎年国税庁の指導官がきて、ワインづくりで注意すべき点について指導してくれますが、教科書には野生酵母は「のぞましくない」、危険性が高いと書かれています。でも培養酵母は、使われはじめてからまだわずか五〇年。それに対して、ワインづくりの歴史は二千年以上です。ローマ帝国時代からおこなわれ、詩人や哲学者に讃えられるような質の高いワインが生まれていたのです。当然ながら、その時代には培養酵母など存在していませんでした。ですから、野生酵母で良いワインはできないというのは誤りです。野生酵母で良いワインをつくることはできるのです。というわけで私たちは、ココ・ファームにしかできないワインをつくるために、野生酵母を使うことにしました。

できるだけ人の手を加えないワインづくり

ニューヨークでもカリフォルニアでも、世界のどこでも、私が尊敬するワインのつくり手、私が好きだと思えるワインのつくり手には、似たパターンがあります。考え方が共通しているのです。畑で力のかぎり懸命に働いて良いぶどうを育て、人工的なものはできるだけ使わない、つまり化学肥料を使わず、畑の土に強い化学的成分はなるべく加えないようにする。ぶどうを可能なかぎり自然な形で育て、収量（ヘクタールあたりの収穫量）をあまり増やさない。ぶどうの味が充分熟すまで待つ。収穫して醸造場に運んだあとは、できるだけ手を加えない。できるだけなにも加えず、できるだけなにも取り除かず、できるだけなにも変えない。つくり手が畑でおこなった仕事の質、その結果生まれたぶどうの質、それがそのまま反映されるワインをつくる。それが、私が尊敬するワインづくりたちの哲学です。

その流儀は自然派とか、伝統的なワインづくりとか、前近代的なワインづくりなどと呼ばれています。私自身はそれを、「人の介入を最小限におさえたワインづくり」と呼んでいます。私がつくるワイン、私が良いと思うワインは、「できるだけ人の手を加えずにつくられたワイン」です。いわゆる「自然派のワイン」という言葉は、どこか理想主義的で、非現実的な響きがあります。そのため私は、自然派という言葉はあまり使いたくありません。農夫には現実的でないといけない面があります。自然を相手にするのですから。自然は白いウサギが飛び跳ね、蝶々が飛んでいるといった、のどかなだけのものでは決してありません。自然は人間のことや、ぶどうやワインづくりのことなど、考えてくれません。家を壊したり、人の命を奪ったりすることもあります。ですから、畑仕事やワインづくりでは、現実的にならざるをえないのです。

というわけで「できるだけ手を加えない」のが、私がもともと好きなスタイルで、日本でも実現したい方法です。私がカリフォルニアより日本に惹かれた理由の一つは、当時カリフォルニアでは（現在もその傾向は続いていますが）、ワインづくりで非常に現代的な手法がもてはやされていたためです。その方法を誰もが選び、尊重し、それがすぐれたワインの代名詞にもなっていました。私はニューヨーク出身なのでヨーロッパのワインを飲む機会が多く、尊敬するワインメーカーの人と話す機会も沢山ありました。その後カリフォルニアに渡って修業したわけですが、カリフォルニアのワインには、あまり共感できませんでした。良いワインだとは思っても、好きになれなかった。なにかが欠けている感じがしたのです。

ある自然派のすぐれたワインづくりをしている友人が、「ワインづくりでは、なにかをしないことが、なにかをすることと同じくらい重要だ」と言いました。つまり、現代的な技術を使わないことも、大切なのです。言い換えれば、可能なかぎり人が介入しない自然で純粋なワイン、独自のテロワールを感じさせるワインをつくることです。

そして日本にきて、私自身の希望もありましたが、ココ・ファームの将来を長期的に考えたとき、そうした独自のワインをつくるほうが、ビジネスの面でも良いと思われました。というわけで、ココ・ファームでは現代的な技術を使うのをやめ、野生酵母などを使いはじめたのです。

現在ヨーロッパでは、軽くてフルーティーで、飲みやすい香り高いワインばかりがつくられています。南フランスのラングドック、南イタリアのシチリアでさえ、五〇年前まではそういうワインはつくれませんでした。でも、いまでは新しい技術のおかげで、軽くて飲みやすいワインをつくることができます。醸造所で大量生産がおこなわれているようなワインです。ワインは農業生産品にも、大量生産品にもなりえます。どんなワインも、その両極端のどこかに位置しているのです。

生産量を抑え高品質に的を絞る

ココ・ファームでのワインづくりの方針について話し合ったとき、園長先生は一部輸入ぶどうも使って、できるだけ買いやすい値段でワインを提供したいと考えていました。でも私は日本の人たちがもっとワインを飲むようになり、ワインに対する知識が増えたとき、きっと純国産の精選ワインを求めるようになるだろうと考えました。精選ワインというのは生産量が少なくて、一本あたりの平均コストがわりに高いワインです。ワインづくりも、ほかのものづくりと同じです。手づくりで質が高く値段も高いものと、大量生産されるものとがある。大量生産されるのは、一本あたりの値段が手ごろなワインです。そういう方向を目指すのであれば、イメージにこだわる必要はありません。

でもここはココ・ファームであり、こころみ学園の仕事場でもあります。私たちにはこころみ学園の子どもたちと一緒に働く、という特別なミッション（使命）があるのです。だとしたら、大量生産品をつくるわけにはいきません。規模が大きくなれば、収益をあげることが大事になり、それだけミッションから遠ざかるでしょう。それは望むところではありません。私たちはつねに、ココ・ファームの人道的な側面を最も大切に考える必要があります。ですから大量のワインづくりはせず、つねに量をかぎって小規模の生産者でありつづけたい。質の高いワインを適度な量でつくり、適度な利益をあげる。一本あたりの売値はそれなりに高くなりますが、それに応える質の高いワインをつくるのが、精選ワインメーカーの役目です。それは私たちにとって、むずかしい決断でした。経済的には打撃も大きかった。真剣にその方向で取り組みはじめたのは、一九九〇年代のなかばくらいです。軌道に乗るには十年ほどかかりました。

考えてみると、ここが福祉施設で利益を追求する必要がなかったという点は、じつに恵まれていました。園長から唯一だされた条件は、「会社をつぶさないように」ということだけでした。私たちはそれでずいぶん助けられました。利益のことは考えなくてよいので、質を上げることに専念できたのです。九〇年代のなかばから国産ぶどう一〇〇パーセントでのワインづくりを目指しはじめたのですが、日本ではぶどうの栽培方法も、ぶどうの種類も外国とはまったくちがうし、土も天候もそれまで私が経験したもの、本で読んだものとはまるでちがっていました。長い時間と沢山の実験が必要になることは、最初からわかっていました。お金もずいぶんかかります。無駄に終わる実験も多いですから、利益はなかなかあがりません。私は畑のことについて園長一家の人たちと話し合うことだけでも、申し訳ない気持ちがしました。

コンサルタントから正規のスタッフへ

うれしいことに、すっきりしたドライワインには、お客さんからすぐに良い反応がありました。一年ごとに進歩があり、毎年注文の量が増え、それにしたがって生産量も増やすように努力しました。そして私がコンサルタントからココ・ファームの正規スタッフになったのは、日本に来てから二年目です。そこで重要になったのは、長期的な計画を立てることでした。コンサルタントだったときと、正規のスタッフになった場合とでは、取り組み方がちがってきます。コンサルタントは、結果を早くださないといけませんが、正規のスタッフになったとなれば、長期的な計画づくりが必要でした。でも日本では意見がまとまるまでの工程がわかりにくく、計画を決めるまでに時間がかかります。私はいまだに、グループの中でどうやって意見がまとまっていくのかが、よくわかりません。非常に日本的なのです。つまり、誰もが決定的なことを言いたがらない。イエスなのか、ノーなのか。「さー」とか、「そうだなあ、やってもわるくはないけどー」とか（笑）。いまでは私もだいぶ慣れたので、その意味を少しは読めるようになりましたが。一生懸命聞いていても、いつ誰が答えをだしたのか私にはわかない（笑）。すべてが、ニュアンス（言外の意味、含み、空気）で決まります。日本語というのはまさに、ニュアンスで伝える言葉です。

というわけで、方針を決定するのはむずかしかったです。「わからない」という答えならまだ理解できますが、「やってもわるくないけどー」というのは、いったいイエスなのか、ノーなのか（笑）。私にしたいことがあると、ココ・ファーム側はしたくない場合でも、ノーと言おうとしませんでした。イエスと、はっきり言うこともできなかったし（笑）。そんなぐあいに、私たちはおたがいを知り合うようになりました。ココ・ファームの人たちの我慢強さに、感謝します。

でも、方向を決めるためには、誰かが強く主張する必要があり、私はその役割を喜んで引き受けるつもりでした。そしてココ・ファーム側も、私にその役をまかせたがっていたと思います。顧客とのやりとりは知恵子さんの役割で、畑の仕事の責任者は眞知子さんでした。そして製造の仕事、つまりどんなぶどうを使ってどんなワインをつくるか、値段はどれくらいに設定するか、そうした仕事は私の役目でした。もちろん、どの仕事もみんなで協力しあったわけですが。

輸入ぶどうは使わないことに決める

そして五、六年たったころ、私たちは畑のほうの問題に真剣に取り組みはじめました。それまで醸造、すなわち蔵のほうの問題に集中して取り組み、ワインの質を向上させる努力をしたのですが、あるところで壁にぶち当ったのです。現状ではそれ以上良いワインをつくるのがむずかしいとわかったとき、つぎに取り組むべき問題は、ぶどうでした。すぐれたワインづくりの決め手は、基本的には良いぶどうです。ワインは農産物です。人の手でつくるものですが、基本的には農産物。ですから、最高のワインをつくるには、できるだけ良いぶどうを手に入れることが不可欠です。つくり手は基本的に、立会人です。ぶどうに寄り添って、ワインに変わるのを見守るのです。ココ・ファームでは当時、かなりの量のぶどうをカリフォルニアから買いつけていました。でもここでつくるワインに、カリフォルニアから買ったぶどうを使うのは、望ましいこととは言えません。

精選ワインメーカーを目指すとしたら、消費者が質の高いワインになにを求めるか、しっかり把握しておかねばなりません。味のわかる消費者は、「このワインはおいしい、どこのぶどうを使っているのですか?」と訊ねるようになるでしょう。そのときに、まだ外国からの輸入ぶどうに頼っていては、あまりよくありません。というわけで、私たちは輸入ぶどうを使わない決断をしました。ワインは非常に独得の農産物で、ぶどうの産地がワインの仕上がりに大きな影響をあたえます。同じぶどうでも、どこの畑で採れたかによって性質がちがい、それが完成したワインの質を左右するのです。フランスにも、イタリアにも、ドイツにも産地を規制するシステムがあります。質の高いワインは、質の高いぶどうからつくられるからです。ワインがロマネ・コンティやキャンティなど、質の高いぶどうをつくる畑の名前で呼ばれる例もあります。そのように土地の名で呼べるのは、その地域で採れたぶどうを使ったワインにかぎられます。ボジョレー、ボルドーなどは日本でもワインの代名詞になっています。ボジョレーは小さな村ですが、日本ではとても有名で、お年寄りでも知っています。ボジョレー村で良いぶどうが採れて、質の高いワインをつくることができたため、世界的に有名になったのです。

ですからカリフォルニアからぶどうを輸入して、ココ・ファームでワインをつくるということに、私は違和感を覚えました。独自のワイン、できるだけ人の手を加えないワインづくりをすると決めたとき、私たちは海外からぶどうを買いつけるのをやめようと話し合いました。私が日本にきたのは、ココ・ファームがカリフォルニアにいる私の友人の畑からぶどうを買っていたのがきっかけでした。ひょっとすると、私もカリフォルニアから輸入された原料の一部だったのかもしれません（笑）。そしてさいわい、カリフォルニアから輸入されて、いまでもココ・ファームで使われている原料は私だけです（笑）。

畑のつくり方も平棚から垣根づくりに変える

現代的な方法でワインをつくる場合は、同じ出発点からさまざまな幅広い目標（ワインの味）を目指すことができます。フルーティー、フルボディ、酸味が弱い、酸味が強いなどなど。いっぽう、農業生産品として「人の介入を最小限にして」ワインをつくる場合は、仕上がりについての可能性の幅はとても狭くなります。あらかじめ理想の味などを想定してつくるわけではなく、ぶどうに本来そなわっているものが、ワインの決め手になるからです。私たちはその方法で、ワインをつくっています。つくり手の目標に合わせてさまざまな技術で手を加えたり、味の性質を人為的に変えたりすることは、できるだけ避けます。基本的にはぶどうにすべてまかせるわけなので、どんなワインになるか、できあがるまでわかりません。かたや現代的な方法では、ぶどうジュースを濾過して水分を取り除くこともできます。軽い味の果汁を濾過して水分を取り除くと、軽い味のぶどうから、いきなり濃い味や香りがするぶどうジュースができるのです。それを醱酵させれば、薄い味のぶどうから濃い味のワインをつくることも可能、というわけです。

言い換えると、現代的なワインづくりの方法を使えば、極端に言うとどんなぶどうからでも目標に近い味のワインをつくりだすことが可能なのです。かたや人の介入を最小限におさえた自然派のつくり方をした場合は、そうしたことはほとんどできません。できあがったときのワインの味を想定してワインづくりをする場合、自然派の場合はそういう味がつくりだせるぶどうを栽培するか、買いつけるしか方法はないのです。

そこで質の良いぶどうを効果的につくりだすための一つの方法として、ココ・ファームではもともとは平棚づくりだった畑のつくり方を、ジェノバ・ダブル・カーテン（ＧＷＣ）方式を応用した、垣根づくりに変えました。これは、ネルソン・ショーリスという人が考えだしたぶどう畑のつくり方です。この方式を、一九九八年に来日したワイン・コンサルタントのリチャード・スマート博士に勧められたのです。具体的には、棚の上を這《は》うようにして伸びてきたぶどうの枝の先（新梢《しんしょう》）を棚からおろし、地面へ向かって伸ばすようにする方法です。平棚づくりの場合は、果実の房が垂れ下がる方向は伸びた枝の先しだいでまちまちになりますが、GWCの場合はぶどうの枝を支えるワイヤーの方向に沿って、ほぼ一列に並んで房をつけるので、上からの日光がどの房にもまんべんなく当たり、果実の糖度が高くなります。しかもぶどうの房が一列に並んでできるため、園生たちの収穫作業も平棚の場合より楽です。そこで眞知子さんの決断で、山のすべての畑の仕立て方を、GWCを応用した方法に変えました。これは私たちにはとても有効でした。とはいえ畑の仕立て方を変えるのは、じつに大変な作業でした。再度ここを訪れたリチャード・スマートは、すべての畑を二年という短期間でこの方式に変えたのを見て、驚嘆していました。これもココ・ファームでなくては、できないことだったでしょう。

山の頂上のぶどうから生まれた「第一楽章」

精選ワインをつくると決めてから最初に実行したのは、自分たちの畑になにがあるか、つまりどの場所で最良のワイン用ぶどうが収穫できるかを、知ることでした。ここにはマスカットベイリーA*の畑が二つあります。その畑のどの場所で最も香りのいいマスカットベイリーAが採れるか調べたのです。それが最初のステップでした。

　マスカットベイリーAは日本特有のぶどうなので、そのワインの匂いをかいだら、反射的にマスカットベイリーAだとわかり、すぐさま日本的なワインだと感じるでしょう。でも、当時の日本では、このぶどうはワインにはあまり適しておらず、個性がないという評価を受けていました。ロゼか安い赤ワインにしか向かないと考えられていたのです。でも、ココ・ファームの畑には、マスカットベイリーAが沢山ありました。そしてなかには、魅力的なテロワールに植えられているものもありました。山の斜面の頂上あたりにある、開拓園と呼ばれている畑です。むきだしで、石の多い場所で、土にミネラル分が多いのです。そこで私は、真っ先に開拓園のぶどうはおもしろいと思いました。独得の香りがして、強靱《きょうじん》だけれども攻撃的ではなく、気に入りました。そこで頂上から採れるぶどうだけを使って最高のワインをつくろうと考えたのです。以前にもマスカットベイリーAとほかのぶどうをブレンドして、魅力的なワインができていました。でも、それよりもっとしっかりした、個性のあるワインをつくろうと考えたのです。

　そして実際に、頂上の部分から採れたぶどうだけを使ってワインをつくりました。マスカットベイリーAの収穫量は当時、一年間で一六トンから一九トンくらい。眞知子さんと私と二人で、コンテナごとにぶどうの味見をしました。果実は、果皮の真下にアロマが凝縮された小粒系でした。ワインづくりには小粒のほうが好ましいのです。マスカットなどの大粒系は、味が薄くなります。眞知子さんと一緒に、収穫した果実の中から最も小粒で、充分色づいて熟しているものを探しました。魅力あるワインをつくるために、最高の果実だけを使いたかったのです。

二〇トン近くのぶどうの中から、長い時間をかけて選びだされた果実は二トンだけでした。とても少ない量です。その大半が、山の頂上の開拓園で採れたぶどうでした。それを使ってつくられたのが、一九九六年の「第一楽章」です。このワインは猛烈に個性が豊かで、私たちがとても満足できたワインでした。いろんな人たちにテイスティングをしてもらいました。ソムリエの田崎真也さんもその一人で、高く評価してくれたのです。このワインが完成した年に、山梨のワイン協会の人たちもバスでココ・ファームにやってきて試飲をし、非常においしいと言ってくれました。マスカットベイリーAで、こんなみごとなワインができるとは思わなかったと。本当にうれしかったですね。自分たちの決めた方向、つまり野生酵母を使い、小さなタンクでヨーロッパの伝統的スタイルでつくるという方向が、間違いではなかったと実感できましたから。

「第一楽章」の値段は税込み五千三百円で、安いとは言えません。マスカットベイリーAを使ってこの値段のワインというのは、日本では例外的です。私はためらいましたが、知恵子さんはその値段に決めたのです。「開拓園で採れた二〇トンのぶどうのうちのわずか十分の一、つまり厳選した二トンのぶどうしか使っていないワイン。山の頂上の畑の開拓やそこで実ったぶどうの収穫に、どれほど大変な労力がかかっているかを考えたら、安く売ることはできない」と言って。

マスカットベイリーAを使ってつくられた「第一楽章」

私も、そのとおりだと思います。

小規模なワインメーカーは、一般受けのする平均的なワインを目指さなくてもいいという点では、恵まれています。自分たちの好みを分け合ってもらえる人たちが、ある程度の人数いてくれて、かぎられた量のワインが売れたらさいわいと思えます。世界で最も興味深いワインをつくっているワイナリーに、小規模のワイナリーが多いのもそのためでしょう。大きな会社は、何十万本ものワインを生産しているので、平均的に受ける味を追求しなければなりません。ですから、個性が強すぎるワイン、ユニークなワインはつくれない。かたや私たちのような小さな会社には、その贅沢な追求が許されるのです。

＊マスカットベイリーＡ（ＭｕｓｃａｔＢａｉｌｅｙＡ）は、川上善兵衛氏が一九二七年に交配したぶどう品種。

テイスティングの勉強会を開く

そんなふうに大きな変化が訪れたのが、「第一楽章」が生まれた一九九六年です。そのころ、すべての要素がうまくかみあうようになりました。みんながチームとして一体となり、理解が深まり、つぎの大きなステップへ踏み出したのです。園長一家とみんなで集まって、世界のいろんなワインをテイスティングする試みも実行しました。私にはニューヨーク時代から知っているワイン業者がいたので、そこから一九〇〇年代はじめのワインもふくめて、いろんなワインを取り寄せました。そして夜になると、何本かボトルを開けて飲み比べをしたのです。シャトーマルゴーなどの有名なワインも、そうでないワインもとりまぜて、私がワインづくりのスタイルやテクニックについて話をしながら、ワインを飲み合いました。自分の感覚を磨くためには、実際に体験することが、とても大切ですから。ときには畑で、あるいはワイナリーで、なんだか飲みたい雰囲気になると、一本出してコルクを抜いたのです。二〇年前のプルミエ・グランクリュ・ボルドーとか五大シャトーのワインの場合も、一切説明なしで飲んでもらいました。飲みはじめると、みんな黙ってワインに集中します。そして園長が一口飲んで、「あ、これうまいな」と言う。そして私が「でしょ、でしょ?」と。テイスティングを通して「ワインにはこんな可能性がある」ということを、伝えたかったのです。実際に飲んでみなくては、本当の理解はできません。ココ・ファームの私たちにとって、そういう高級ワインを開けて飲むのは、とても大切なことでした。

コンサルタントの仕事で大事なのは、人の意見を聞くことです。私はコンサルタントをしていたころ、畑でもワイナリーでもつねに担当者の話を聞きました。どんな問題があるのか、なぜ私を呼んだのか……。つまりいまの状況（ポイントA）はどんなふうで、これからどういう方向（ポイントB）に向かいたいのか、どんな目標を達成したいのか、話してもらいます。そして私なりにアドバイスをするわけです。ココ・ファームのもともとの問題は、ポイントBがよくわかっていなかったことでした。みんな自分がどういう方向に向かいたいのか、なにがしたいのか、わかっていなかった。「いいワインをつくること」、それは了解済みでしたが、そもそも「いいワイン」とはなんでしょう。コンビニで六〇〇円くらいで買えるチリのソーヴィニヨン・ブランも、冷やして飲めば「あ、おいしい」と言えるかもしれない。あるいは高級ワインショップで、一万五千円払って買ったワインだって「おいしい」。どちらも、飲む人によって、それぞれにおいしいのです。私たちにとってまず必要だったのは、どういう方向で行くかを決めることでした。最初は決められず、決めてからも迷いがありました。日本人の嗜好に合わせるわけですから。日本のマーケットのために、日本のぶどうを使ってつくる、日本のワイン。その質とか基準を、ガイジンが決めていいものかどうか。私が日本的な感受性とか、日本的な好みとか、日本的な舌についてわかってきたのは、最近のことです。当時はそれほどよくわかっていたとは言えず、迷いがありました。

味を決めるのはとてもむずかしい問題で、私自身もいまだに問い続けています。完全な答えは、永久に見つからないのかもしれません。暗い部屋に一人でいて、ぱっとひらめくようなものかもしれません。ぶどうを味わってみて、「このぶどうはこういうワインにしたら、最適だろう」と思う場合もあります。でもワインづくりには、いろんな要素がからみあっていて、ココ・ファームはチームの力で動いています。沢山の仲間がつねに議論を交わしながら、ワインをつくっている。世界のいろいろなワインのテイスティングが必要だったのは、ココ・ファームでどんなスタイルのワインをつくればいいのか、その方向性を探るためでした。私は、ワインのスタイルを決めるのは私ではなく、ココ・ファームの人たちでなくてはと考えていました。日本の環境の中で、日本で採れるぶどうを使い、日本の人たちのためのワインをつくるのですから。私の望みはただ一つ、良いワインをつくる、ということだけでした。世界のさまざまな名ワインを飲んでも、人それぞれに受け取り方はちがいます。ココ・ファームではどんなワインをつくりたいのか、私はまずそれを確かめたかったのです。ボトルを開けてみんなで飲んで、「これはおいしい」「これが好き」「これはあまり好きじゃない」「これは、きっとお客さんに喜ばれる」と意見を言い合いました。そして日本のココ・ファームでつくるワインについて、世界のいろいろな地域のワインからずいぶんアイディアをもらいました。

そんな勉強会でいろいろなワインを飲み比べ、大まかな方向性はつかめました。クリーンなワイン、酢酸のような後味を残さない、粗野ではないワイン。ラオチュウとかシェリー酒のような酸化した感じの香りがないもの。フレッシュで、ぶどうの香りのする、すっきりしたワインです。ドライなスタイルのワインづくりを基本にしましたが、バランスをとるために甘いワインもつくることにしました。でも、全体としてはフレッシュでフルーティーなすっきりしたワインを目指したのです。

ポリシーは、真似をしないこと

はじめのほうで一九四九年のシャトー・シュヴァルブランの話をしましたが、理想のワインは時とともに変わります。いまでは、あのようなワインをつくりたいと思わなくなりました。第一に、シュヴァルブランをつくるには、タイムマシンで四九年のボルドーに行かなくてはなりません。日本でワインをつくるとき、つねに理想にするのはできるだけ日本的なワイン、すぐれた日本のワインをつくることです。世界のさまざまなワインをテイスティングして、ワインの多様性や可能性を知ること、さまざまな人や気候や考え方（哲学）が生み出した結果を知ることは大切です。フランスでもイタリアでも、ワインづくりの基本的な考え方はそれぞれちがいます。その中には、私たちが共有できる考え方もあれば、まったく採り入れられない考え方もある。テイスティングをするのは、真似をするためではありません。

大切なのはそれらを真似ることではなく、そこから学ぶことです。以前、日本のワインの雑誌が、日本各地のワイナリーにアンケートをおこない、私も答えたことがあります。質問の一つは「あなたのところの基本的なポリシーは？」というものでした。私はそのとき、「ココ・ファームのポリシーは、真似をしないこと」と書きました。世界各地のワインづくりから学ぶことはあり、アイディアをえることはあっても、理想はつねに「独自のワインをつくること」なのです。知恵子さんが、つねにこの方針に賛成してくれるのはすばらしいことです。ほかではめったにそういうことは起きません。どんな分野でも、販売（経営者、利潤追求者）と創造（つくり手）とは対立するものです。でも彼女はまれにみる経営者で、つねにどこか（たとえばフランスのシャトーのワインなど）の真似ではない、ココ・ファーム独自のものをつくるという考え方を認め、積極的に実践しようとしています。日本のココ・ファームにしかできないワインをつくること、この目標はいまもまったく変わっていません。

3―日本とワインの関係が深まりはじめた時期

ブルースがココ・ファームのワインづくりに本格的に加わるようになったのは、一九八九年。当時の日本では、デザートがわりのような感じで飲まれる甘いワインが多かった。その後しだいに辛口ワインの魅力が理解されるようになり、日本のワインも食事とともに楽しむものへと変わっていった。

海外旅行が増えて、ワインへの嗜好も変わった

日本にきて数年のあいだ、私は日本の文化や、日本でどんな場所でワインが飲まれているかなどについても調べました。そのころから、日本人の嗜好も変わりはじめたと思います。それまで多くの人があまりワインになじみがなく、ワインを知らなかったのですが、バブルの時期に海外に行く人が増えて、その状況が急速に変わりました。日本の人たちがヨーロッパ、オーストラリア、アメリカなどに旅をし、西欧の文化を体験し、その土地の人たちが食べているものを食べ、飲んでいるワインを飲んで、嗜好が変わってきたのです。フランスに行く人も多くなり、本格的なワインをそれに合った料理と味わう楽しさを知りました。すっぱいと思っていたものでも、慣れるとじつはすっぱくないことがわかってきた。酸味が強くて甘みがまったく感じられなくて

も、それをおいしいと感じられるようになったのです。

私がココ・ファームで働きはじめたころ、日本では甘いワインが主流で、ワインに対する賛辞は「甘くておいしい」であり、ドライなワインは喜ばれませんでした。そしてココ・ファームでも、甘いワインがつくられていました。世界には、甘いワインの中にもシャトー・イケムのような名品があります。デザートワインです。問題は、甘いワインをつくることではなく、甘いワインしかつくっていなかったことでした。西欧では、たいていの人が食卓で飲むのはドライなワインです。甘いワインも良いけれども、飲む機会がかぎられます。甘いワインを飲むのはデザートのとき、あるいは食前酒として、あるいはおやつがわり、などです。西欧では、ワインは基本的に料理と一緒に楽しむものです。私が日本にきて、ドライなワインをつくろうと勧めたのは、そのためです。残念ながら当時の日本では、料理と一緒にワインを飲むという風景があまり見られませんでした。ワインを買うのはおしゃれだから、あるいは贈り物にしたいから。養命酒と同じような飲み方をしたり、果物ジュースと同じような感覚で飲んだり、という感じでした。ディナーのときにワインを飲むということがあまりなかったのです。ドライなワインのほうが食事に合うと私が言っても、あまりわかってもらえませんでした。料理に合わせてワインを飲む人が少なかったですからね。

園長先生もフランスのパリに行ったときは、ランチと一緒にすぐワインを頼みました。ほかのみんなは、どうするか迷っていましたが（笑）。日本では昼間からお酒を飲むなんて、という雰囲気が強かったですが、園長はフランス人たちが飲んでいるのを見て、「ワインにしましょう」と。園長、知恵子さん、眞知子さんは辛口のワインを実際に体験し、その良さと魅力をすぐに理解しました。ドライなワインをつくるということについて、みんなはリスクも感じたと思います。私から言われたので、反対できなかったのかもしれません（笑）。とはいえ、大事なお客さまたちのために、ドライワインとバランスをとりながら、甘口のワインもつくりました。そして甘口ワインの場合も、フレッシュでフルーティーであることを目指したのです。

以前にココ・ファームでつくられていた甘口ワインは、リキュールのような感じでした。リキュールは、しじゅう飲むものではないし、飲む量もかぎられます。少しだけ飲んで「あ、おいしい」という感じ。でも、ドライワインは食事のときに、料理と一緒に何杯か飲みます。夫婦が、夕食のときにハーフボトルを空けるのはごく自然なことです。

ドライワインを主流にしようと考えたのは、量的なこともあります。辛口のワインは甘口より沢山飲めて、沢山売れますから。

日本人は食事のときお酒を飲まない？

日本の人たちのワインに対する好みが、この二〇年ほどで大きく変わったのは確かです。でも、日本酒にしても、日本の人は夕食の最中に飲むでしょうか。料理と一緒にお酒を楽しむという習慣があったでしょうか。

これは興味深い問題です。この二〇年間私はそれについて考え、いろんな人と話してきました。その一人が、私の日本のお義母《かあ》さんです。私は自分がつくったワインを、お正月などに妻の実家にもっていきます。でも、お義母さんにはなかなか飲んでもらえません。お酒を飲もうとしないのです。日本の年配の女性たちはお酒を飲みません。わりと最近まで、女性がお酒を飲むのは、はしたないと考えられていたからです。日本酒を日本料理と一緒に飲むということについて、いろんな人に話を聞いたところ、食事のときにお酒を飲む習慣は、日本の伝統にはないと言う人が沢山いました。若いスタッフに、お母さんが家で日本酒を飲むかどうか訊ねると、答えはノーです。ではお父さんはどうかというと、たいていの人が、お父さんは仕事から帰ってくると、キッチンテーブルの前に座って、お母さんと話をしながら、たとえば刺身とか漬け物などの「つまみ」と一緒に日本酒をちびちびやる、と答えました。子どもたちは宿題をやったり、お風呂に入ったり、遊んだりしていて、お母さんは適当なところで「さ、もうそのへんで食事にしましょう」と言って、お父さんからお酒をとりあげ、子どもたちを呼ぶ。そして料理をテーブルに並べる。つまり、お酒を料理と一緒に楽しむわけではないのです。

やきとりなどと一緒にお酒を居酒屋で飲むというのは、会社員や作業現場で働く人たちが家に帰る途中で気分をほぐしたり、日本酒とつまみ（酒の肴）で同僚たちと仕事の話の続きをしたりするためです。飲み終えると家に帰って、家族と食事をする。家族との食卓では、酒は飲まない。そんなふうに聞きました。お寿司屋に行っても、板前さんとなじみの店では、まずつまみを頼んで日本酒を飲みますが、「握り」を食べる段階になると、お酒を飲むのをやめる。私は握り寿司と一緒に日本酒を飲もうとして、板前さんに叱られたことがあります。お酒を飲むなら、「握り」にはしないと。酒とご飯を一緒に口に入れるのは、礼儀知らずとか品がないとか、よくないことと考えられているのです。日本の食文化の伝統は急速に変化してきているので、いまでは、「そんなことはない」と言われるかもしれませんが。

私は、まわりの人たちに「あなたの家では、食事のときにお酒を飲みますか？　飲まないとしたら、それはなぜですか？」と、折あるごとに訊ねてきました。食事のときにお酒を飲まないのは「お行儀がよくないから」、「武士道的な考え方があるから」と言う人もいましたが、はっきりしたことはわかりません。

二〇年以上日本で暮らしてきて、日本の人たちが食事の中でアルコールをどんなふうに位置づけてきたかを考えてみると、西洋の社会にくらべ、日本ではアルコールが食事の中に根づいていなかったと思わざるをえません。私が育ったアメリカの家では、家族全員が集まって食事という と、ワインの大ボトルが、どかんとテーブルの上に置かれます。そして誰もが飲みます。お酒は食事の一部なのです。晩酌や、会社から帰る途中での一杯などではなく。

アメリカでもワインの普及は第二次世界大戦後

でも、そのことを考えたとき、日本の人たちが西洋の習慣を受け入れていく速さは、驚異的です。この一〇〇年、あるいは五〇年のあいだの日本の変貌ぶりは、目覚ましいものがあります。世界の中で、日本ほど急速に大きく変化した国は他にないかもしれません。

ただしアメリカでも、ワイン産業が盛んになったのは三〇年ほど前からで、ニューヨークではワインがよく飲まれていたものの、全国的ではありませんでした。その昔、一九世紀のはじめから半ばごろまで、アメリカ国内で優勢だったヨーロッパ文化は、おもにイギリスとドイツの文化でした。アメリカはもともとイギリスの植民地でしたし、ドイツ文化の影響を受けたのは、宗教的な迫害を逃れてドイツからアメリカに渡った移民がいたからです。一九世紀の終わりには、私の実家のようなイタリア系の人たちが渡ってきましたが、それ以前には、イギリス系とドイツ系の移民が多かったのです。イギリス系の人たちは、東海岸のほとんどの地域に移り住みました。移住したのはオランダ人のほうが早かったですが、すぐにいなくなり、イギリスからの移民が優勢になったのです。そして現在でも北東部、とくにオハイオやペンシルヴェニアなどには、ドイツから移ってきた人たちの子孫が大勢います。

そしてイギリスとドイツは、ビールの国です。つまり移住者の多くはもともとはワイン党ではない国の人たちでしたが、いまではワインを飲んでいます。その理由は、日本と似ているかもしれません。ワインの消費量が急激にのびたのは、第二次世界大戦がきっかけだったと思います。戦争でアメリカ人がヨーロッパへ戦いに出かけ、ヨーロッパの人たちの暮らしぶりを肌で感じ、ヨーロッパの食文化に対する理解を祖国に持ち帰りました。ワインもその一つでした。アメリカからヨーロッパへ出兵した兵士たちが、ワインに親しむようになり、その良さを実感したのです。もう一つの理由は、お金です。第二次世界大戦後、アメリカは急速に豊かさを増しました。お金にゆとりができるようになると、人びとはその使い道を探しはじめた。その一つがおいしいものを食べる、おいしいものを飲むということでした。ゆとりができて、人びとがそういう体験を求めるようになった。それまで知らなかった食べ物や飲み物に、興味をもつようになった。そしてワインにも人気が出たのではないでしょうか。

私が子どものころ、アメリカでもワインを飲むことはまだ一般的ではありませんでした。二〇一四年の現在でも、アメリカ人の中にはピューリタン的な心情が根強く残っています。そしてお酒については、一九三〇年代の禁酒法時代からの影響で、悪いものという見方が一般に浸透していました。でも第二次世界大戦以降は、その風潮が変わり、個人としてお酒を楽しむのは悪いことではないと、人びとが考えるようになったのです。

辛口ワインの売行きがのびる

アメリカの人たちにとって、それまで知らなかったヨーロッパの味に親しむのはそれほど距離感がなかったと思いますが、日本の人たちにとって西洋の食文化は、かなり距離があるものだったでしょう。でも、日本の人は新しいものに対する姿勢が柔軟です。そしてドライワインも、かなり早い速度で受け入れられるようになりました。ココ・ファームでは以前、ワインの製造事務所は、テイスティングルームのすぐとなりにありました。事務所はとても狭くて、眞知子さんと私の二人だけでいっぱいになるくらいの部屋でした。でも壁一つ隔てた向こうがテイスティングルームだったので、お客さんたちの声がもれ聞こえてきました。最初のうちはその大半が、「甘くておいしい」でした（笑）。甘いワインが好まれていたわけですが、さいわいドライワインの魅力がしだいに理解されるようになりました。「あ、これもおいしい」と。たぶん、つくりはじめてから五、六年経ったころから、辛口ワインの売行きがのびたと思います。飲み方についても、白ワインは魚料理、赤ワインは肉料理に合いますよというぐあいに、こちらからも勧めたりして。それを理解して、ワインをそれまで以上に楽しむようになったお客さんもいました。

日本酒のほうでも、現在は甘口より辛口のほうが好まれているのではないでしょうか。ビールも、「アサヒ、スーパードライ！」だし（笑）。日本でも辛口の人気が高くなりました。そして経済的なゆとりができてきたおかげで、レストランで食事をする人たちが増え、食事と同時に飲む機会も増えていったのです。

そんなわけで市場はしだいにドライなワインを受け入れるようになり、ココ・ファームでも徐々にドライワインの比率を増やしました。「足利呱呱和飲《あしかがここわいん》」、「こころぜ」などは甘いワインですが、徐々にドライなワインが中心になったのです。最初の数年は売上的にも苦労しましたが、ドライワインをふくめ、すぐに売上が伸びるようになりました。最初のころはだいたい一年かけて完売という感じでしたが、九〇年代に入ると、九か月で完売になったのです。

旬好きな日本で人気の高いヌーボー

私自身は、ヌーボーはあまり好きではありません。理由は、ヌーボーをつくろうとすると、工程のスピードを上げないといけないし、しかもふつうのワインづくりとは違う製法が必要になるからです。ヌーボーは日本ではいまでも人気があります。とくに私が日本にきたはじめのころは、猛烈な人気でした。飛行機で産地から大量に運んで、値段もとても高かったです。若くてぶどうの香りがするワインは素敵ですが、私は個人的には新酒を飲みたければ貯蔵室で、好きなときに好きなだけ飲めますから(笑)。

日本でヌーボーがもてはやされるようになった発端は、フランスの法律で十一月の第三木曜日の午前〇時が、ボジョレーヌーボーの解禁日と定められたことです。日本は西洋文化に対する関心が高い。そして世界地図を見るとわかりますが、世界で一番早く夜が明けるのはフィジーかどこかで、経済大国の中で日本は最も夜明けが早い国の一つです。日本は世界に先駆けてその年のヌーボーが飲める国、というわけです。フランス人より早く飲める（笑）。そこが、多くの日本の人たちにとって魅力だったのだと思います。それでプロモーションも盛大におこなわれ、沢山売れるようになりました。

そして日本で旬が尊ばれることも、ヌーボーが好まれる一因でしょう。日本の人は何につけても、「その季節の走り」のものが好きです。農業をしている人に聞けば、ワインにかぎらず、どんな農作物についても同じ話をするでしょう。野菜や果物は、一番出荷のものに特別な値段がつきます。誰もが一番乗りを目指すので、競争になって値段もつり上がる。日本の人は、なんでも「一番のもの」「フレッシュなもの」「旬のもの」をほしがります。季節のものに需要が集まるので、レストランでも「季節はずれ」のものは出しません。とくに日本料理は、旬にこだわります。ボジョレーヌーボーの人気が高いのも、一つにはそれと同じ感覚があるからだと思います。

ココ・ファームでは、いまもヌーボースタイルのワインを一種類だけ出しています。「のぼっこ」です。とてもいいワインです。お盆のころに成熟する、早採りのぶどうを使っています。

学園の子どもたちとのワインづくり

ココ・ファームでつくるワインの質は一年ごとに向上し、バラエティも豊かになりました。変わらなかったのは、つくり手たち、つまり学園の子どもたちの仕事ぶりです。本当にすばらしくて、感激しました。子どもたちがワインづくりの仕事をどう感じているかが、わかりました。一緒に仕事をはじめたとたん、彼らが自分たちの仕事に感じる満足感や喜びが、はっきり伝わってきたのです。良い仕事をしたいという子どもたちの意欲や、良い仕事をしたときの満足した様子は、とても感動的でした。

私は最初から、子どもたちに醸造の仕事全体について説明し、みんなとてもよく理解しました。前にお話ししたように、私はふつうの人たちより学園の子どもたちとのほうが、コミュニケーションがとりやすかったのです。同じ立場に立って、ボディランゲージで工程について説明しました。たとえば、瓶を洗う方法を教えるときは、瓶を一本取り出して子どもに渡し、私が自分の手をその子の手に重ねて蛇口の下に瓶をもっていき、水をその中に流し込んだあと、瓶の口のところを手でふさいでゆする。そうやって私と一緒に体験させながら、やり方を教えました。子どもたちはすぐに理解しました。子どもが間違えたときは、「ノーノー」と言えば、ノーが何を意味するか知らなくても、すぐに全員が手を止めて私を見ます。そして私が手をとってもう一度正しいやり方を教える。言葉を使わずになんでも理解ができきました。ふつうの人は、考えすぎてしまい、かえってうまくできなかったりするものですが。

ココ・ファームでの作業に、こころみ学園の園生たちを積極的に参加させるというのは、園長の発案でした。変化に富んだ山の斜面で体を動かして働くうちに情緒が安定し、問題行動が少なくなる。意欲的に仕事に取り組むことを通じて、何もしなかったときよりもはるかに大きな能力を発揮できるようになる。園長はそう信じて実践し、たしかに効果を上げました。畑でも醸造場でも子どもたちが汗を流し、「がんばる」喜びを体感し、自信をつけ、笑顔が増えたのです。いまの社会で良くないのは、障害のある人たちに「何も期待しない」ことが多い点です。知的障害者に何かが実現できるとは、ほとんど思っていません。私はあるとき、園長が役所の人たちと話している場面に、居合わせたことがあります。障害者は、「保護の対象」というのが彼らの見解でした。そのときの話し合いは、山に面したベランダでおこなわれました。そして目の前に見える山の斜面では、園生たちが畑で働いていたのです。その場に私もいたのですが、じつに笑えました。

ワインづくりの工程

ここで、ワインづくりの工程をざっと説明しておきましょう。八月中旬から十一月の初旬ごろまでに、学園のぶどうと、ほかの農家からのぶどうがワイナリーに届きます。そうしたらぶどうを選別して、悪い果実をとりのぞきます。白ワインをつくる場合は、ぶどうを破搾機でつぶし、果皮と種子と軸を果汁から分離させます。そして果汁だけをタンクに送り込んで醱酵させる。赤ワインをつくる場合は、傷んだ実をとりのぞいて良い実だけを残し、破砕除梗機で軸をとりのぞき、果肉と果皮と種子を一緒にタンクに送り込みます。そして醱酵させる。白ワインの場合は果汁のみ、赤ワインの場合はつぶしたあと果肉も果皮も種子もすべて一緒に、醱酵させます。そして醱酵したあと濾過して、果汁だけにするのです。

白も赤もステンレスのタンクないし木の樽に入れて、熟成させます。タンクにするか樽にするか、どれくらい長く熟成させるかは、目指すワインのスタイルや、原料となるぶどうの個性によってちがってきます。醱酵したての新しいワインは、あまり落ち着いていません。飲むとアルコールの匂いが強かったり、酵母（イースト）の味がしたり、酸味が強かったり、赤ワインの場合は渋みが強かったり、にがみがあったりします。タンクや樽の中で時間をかけて熟成させると、味がまろやかになります。熟成に長い時間をかける場合は、ワインが腐敗したりせず、良い状態に保たれるよう気をつけないといけません。良い状態で熟成して味がよくなったら、べつのタンクや樽で熟成させたものとブレンドする場合もあります。ワインに応じてブレンドしたり、濾過したりして、瓶詰めをおこないます。寝かせる時間は、最短期間で仕上げたい場合はひと月半からふた月半くらい。でもふつうは、だいたい六か月から一年半くらい寝かせます。

仕込みの前に収穫したぶどうの実から良い果粒を選ぶ

たとえば、ここの畑の斜面の一番上で栽培したマスカットベイリーAと、赤見の畑で栽培したマスカットベイリーAとでは、環境条件がちがうので、ぶどうの出来もちがいます。そこでべつべつに収穫して、べつべつに仕込み、べつべつに醱酵させて、それぞれちがうタンクや樽に入れます。マスカットベイリーAをベースにした、「第一楽章」の場合。ここの畑のマスカットベイリーAをもとに醸造したワインと、赤見のマスカットベイリーAをもとに醸造したワインを、半々ずつブレンドして味見をしたり、赤見のほうを四分の一にして味見をしたり、どんな割合でブレンドするのが最もいいか、検討しながら味を決めていきます。

味は主観的なもの、点数はつけられない

味を決める場合、たとえば「第一楽章」は「こういう味」と、お客さんがすでに期待しているものがあります。それにどう応えるか。これはむずかしい問題です。ワインのスタイルを、試験的に変えたこともありました。一年ごとに大きく変えたのです。するとお客さんから、問い合わせがくるときもありました。「なぜこんなに変わったのか」と。変えないほうがよかったかもしれません。顧客は継続を求めるものですから。ワインを買って、こういう味だと理解したあと、翌年買ったときにまったくちがう味がしたら、そのワインを買い続けるのはむずかしくなります。一度このワインはこういう味と決めたら、その後何年かはあまり変えないようにしました。

ただしどんな場合も、質はつねに落としてはなりません。質とはなにか。これもまた、とてもむずかしい問題です。誰が、質の意味を決めるのか。車の場合はスピードや耐久性など、計測可能なことで質が決まります。でもワインの質の決め手は、正直に言ってまったく主観的なものです。あまりワインをよく知らない人は、こんな話をしがちです。「私にはワインがよくわかりません。ソムリエから『これはすばらしいワインです』と勧められて飲んでも、おいしいと思えない。だから、やっぱり私にはワインの味がわからないのです」などと。これは残念なことです。ソムリエの勧めたワインが口に合わなかったというだけのことで、なんの意味もないのに。ワインの質は、まったく主観的なものなのです。

いまでは世界中にワインの雑誌があり、ワイン評論家が大勢います。彼らはワインのブラインド・テイスティングをして、一〇〇点満点でこのワインは八七点、こちらは九一点、こちらは九三点などと採点します。これはいったいどういう意味でしょう。たいていの人が、それが質のあかしだと言います。でも、たとえば美しい夕陽を見ながら誰かに、「この夕陽は一〇〇点満点で何点ですか？」と聞いたとしたら、どうでしょう。夕陽に点数など、つけられません。美的なもの、人が楽しむもの、おいしいと思うもの、いい香りだと感じるもの、それは人によってちがう可能性があります。ですから質ということについては、答えるのがむずかしい。ルーブル美術館に行って、あ、モネは九一点、ピカソは九四点、ティツィアーノは七六点かな、などとは言えません。ワインも同じ。自分で判断するしかないのです。何人ものワイン専門家が推薦するワインは、良いものかもしれません。でも、だからと言ってあなたがそのワインを好きになる必要はないのです。好きになれない、という場合も大いにありえます。

ただし、ワインには値段をつけないといけません。その問題では、知恵子さんといつも議論になります。世界のどこでもワインのつくり手は、つねに誰かのためにワインをつくっています。自分自身のため、顧客、ワイナリーのオーナー、融資をしてくれる銀行のため……。小さなワイナリーでは、つくり手が自分自身のためにつくることもあります。ワインの質が主観的なものだといっても、「質」というものが存在しないわけではないのです。たとえば、三本ワインが並んでいて、質の点でどれがすぐれているかと訊ねられたら、私は難なくそのうちの一本を選びだすでしょう。私には自分なりの質のイメージがあります。それは、ほかの人が抱く質の高いワインのイメージとちがうもしれません。でも小さいワイナリーでは、たとえば一〇万人の人を喜ばせるワインをつくる、というようなことは考えなくてすみます。

娘の将来を考えて永住を決める

ココ・ファームでワインをつくっているあいだに、私の日本での暮らしも長くなりました。そして一九九六年に亮子と結婚したことで、日本との絆が強くなったことは事実です。でも結婚してからも、必ずしも日本に永住しようと思ったわけではありませんでした。人生計画などについて話す人がいますが、私は人生にあまりゴールのようなものを決めたりしてこなかったのです。私は十代のころ、アイビーリーグの大学に入り、一時は医学で学位をとって医者になるような人生も目指しました。でも早い時期に、それは自分には合わないとさとったのです。ほかの学生仲間が、みんなすごく真面目だったから（笑）。ほかの仲間が猛烈真面目に勉強しているのに、私はいろいろとほかの学科にも興味があったし、学生生活を楽しみたかった。世の中には中途半端にできることも沢山ありますが、中途半端な医者というのは、ちょっとまずいなと（笑）。そこで医者を目指すのはやめ、いくつもの分野に首を突っ込み、植物生理学に行きついたのです。そしてやがては、日本の障害者施設でワインをつくるという結果になりました。アイビーリーグや医学の勉強の世界から、はるか遠く離れたところにたどりついたわけです。もともと計画を立てて行動するのが、得意ではないのかもしれません。

日本にきてからも、どれくらい長くいるつもりか、きちんと考えたことはありませんでした。やがて亮子と結婚しましたが、それでも日本にそのまま居続ける必要はなかったし、居続けるかどうか、まだはっきり決めたわけではありませんでした。でも、娘の宇詩《うた》が生まれたあと、私は日本でずっと暮らそうと決めたのです。子どもが生まれると、親としての責任を感じるようになり、それまでとは考え方も変わってきます。宇詩を育てるにはアメリカと日本のどちらがいいか、亮子と二人で話し合いました。アメリカで育てるといろいろむずかしい問題がありそうだと考え、子どもを育てる環境としては、日本のほうがいいと決断したのです。宇詩が大きくなったとき、海外の大学に行きたいと望めば、それもいいと思います。でも、小さい子が育つ環境としては、日本のほうが健全です。

つまり、社会の中で大切にされていることの内容が、アメリカより日本のほうがまともだと思えるからです。国家とそこに住む国民のために、なにが最も大切にされているか。その点についてアメリカと日本をくらべると、日本のほうがはるかに健全な優先順位のつけ方をしています。高級車をもつことや、ビジネスでの成功だけが良いことではありません。家族を大切にし、お年寄りをいたわり尊重すること、おたがいを思いやること、それが大事です。日本は、アメリカよりずっとそういう意識が高いと思います。

といっても日本でも最近はかなり問題も多いようで、ときどきニュースを見ていると、「まったく、近ごろの日本はどうなったんだろう」「昔はこんなふうじゃなかった」と、まるで日本のおじさんみたいなことを考えますが（笑）。それでもまだ、日本はアメリカより平和だと思えます。アメリカで「小学生一二人、教室内で銃弾を浴びて死亡」などと、恐ろしい事件が新聞の一面を飾ることを考えると、日本のトップニュースはじつに、おだやかなものです。アメリカは個人主義の国ですが、日本は集団主義の国。どちらにも良い点と良くない点があります。でも、アメリカでは個人主義があまりに重視されているため、自分のことばかりで、人のことを考えない。同じところで暮らしていても、連帯意識のない社会になっています。暴力的な事件が起きやすいのは、人びとのあいだに連帯意識がないことが大きな原因です。

大国アメリカと、島国の日本

それは、アメリカが国として広くて大きすぎるのも一因かもしれません。広いので人が移動することが多い。日本では、いまでもある場所で生まれ育ったら、死ぬまで同じ場所で暮らすことが珍しくありません。移動するとしても、アメリカにくらべれば狭い範囲で動きます。でもアメリカは国が広大なので、移動するときは猛烈に遠いところに移ります。私の実家の家族は、全員ニューヨーク生まれですが、いまでは誰もニューヨークに住んでいません。両親はフロリダ、妹はウェストヴァージニア、兄はオハイオ、姉はテキサス、そして私は日本。全員ばらばらです。そんなふうに人びとが移動するのがふつうであること、そして個人主義であることが重なり合って、犯罪が起きやすいのだと思います。近所の住民同士は、おたがいに大切な存在であり、地域のためにおたがいに一緒に考える、というのがあるべき姿なのに。アメリカでは、近所にどんな人が住んでいるか知らないし、隣人同士のトラブルも多いです。おたがいに「つながっている」という感覚がありません。

アメリカのように広い国では、住んでいる人たちが「自分の国」とか「祖国」という感覚、あるいは連帯感をもちにくくなります。アメリカは移民の国ですし、いろいろな国の影響を受けています。それは視野が広いという強みでもあり、私たちはその強みを活かすこともできます。でもその反面、移民が多いということは、となりに住む人と自分とでは、生活一般についての理解の仕方がまったくちがう、という可能性も秘めているのです。

それがアメリカの良いところだ、という人もいます。私は、良い部分も悪い部分もあると考えています。そして私は自分の娘には、ほかの人たちと一緒に生きるとはどんなことかを学びながら、成長してもらいたいと思っています。人とのまじわりを学んでほしい。そして、あまりプレッシャーを感じることなく育ってほしいのです。アメリカでは成功に対するプレッシャーが猛烈にあります。ですから成功しないと、大変です。アメリカほど国の面積が広くない日本には、連帯感がある反面、よそ者に対する排他的な姿勢があることも事実です。でも、娘のためには良い面のほうが多いと、私は判断しました。

小さいころ宇詩は、佐野の幼稚園に通っていました。宇詩が生まれたのは、私が日本にきて一三年目位です。私はすでにかなり日本語が話せたので、幼稚園の子どもたちともおしゃべりをしたり、遊んだりできました。ある日、近くの公園で同じ幼稚園に通っている子どもとその保護者たちと一緒に、バーベキューをしました。子どもたちはまわりで遊んでいたのですが、その中の四、五歳くらいの女の子が、私を見上げて「うたちゃんのパパって、ガイジンだったのかあ」（笑）と、言ったのです。それは、とてもとても愉快でした。その言い方がかわいくて、楽しくなりました。そんな子どもたちと一緒に育って、宇詩はまったく疎外感を感じずにいられたのです。いま私たちは、北海道のとても気持ちのいい村で暮らしています。小さな農村です。そこには四年生のクラスが一つしかありません。一年生のときから同じクラスなので、子どもたちはみんな仲がよく、先生方も上手にクラスを一つにまとめています。ですから宇詩は、いまのところとくに問題なく育っています。大きくなるにしたがって、「ハーフ」と言われたりして、悩む時期がくるかもしれないとは思いますが。

私自身は、ときどきアメリカに帰れますから、ホームシックを感じたりはしません。でも日本にきて最初のころ、とくにクリスマスや感謝祭のときなどは、ほんとうに淋《さび》しくなりました。とくに足利では感謝祭を祝う人は一人もいず、クリスマスもいまほどにぎやかではありませんでした。感謝祭にターキーを探しても、どこにも見つからない。最初の年はクリスマスも一人きりでした。アメリカではクリスマスは日本のお正月のように家族が集まって、クリスマスツリーを飾り、昔ながらのしきたり通りの料理が出て、みんな一緒にゲームで遊びます。でも、一人きりなので、なにもすることがなく、近所のキンカ堂で、クリスマスセールでもやっているかなと行ってみたら、クリスマス当日の夕方なので、すでにデコレーションがすっかり取り払われていました。それを見たらよけいに落ち込み、帰ってビールを飲んで、寝てしまいました（笑）。

税務署から学んだ「しかたがない」ことがら

日本でワインづくりをはじめたころ、税務署などのお役所の規則がアメリカとちがっていて、戸惑うこともありました。ワインをふくむ酒税に関する日本の法律は、ほかの国とちがいます。ヨーロッパの国々の酒税法は長い歴史から生まれたもので、アメリカも同様です。かたや日本ではワインづくりの歴史が浅いので、日本酒にもとづいてつくられた規制や法律が多いのです。でも日本酒に適用できる法律が、かならずしもワインづくりにも適用できるとはかぎりません。そこで税務署とはたびたび衝突しました。

たとえば、ワインがいったん醱酵をはじめたら、ワインを移動させてはいけないという規則があります。ワインがまだぶどうジュース状態であるあいだ、つまりアルコールがゼロの状態であるあいだは、タンクからタンクへ移動させてもかまわない。そして醱酵が終わってワインになり、醱酵完了を確認し、税務署にアルコールの度数を申請したあとは、動かしてもかまわない。でも、醱酵が続いていてアルコールがつくりだされているあいだは、法律上ワインをタンクからタンクへ移動させることが、非常にむずかしいのです。この法律は、酒税の割合がアルコールの度数に応じて高くなるので、脱税目的でアルコール度数をごまかすのを防止するために、つくられたのかもしれません。でも、この規則はワインづくりの大きな妨げになります。

　醗酵の仕方はステンレスタンクを使う場合と木の樽を使う場合とでは、大きく異なります。環境がちがうので結果もちがってくるのです。樽には二二五リットルしか入りません。最大八千リットル入りのタンクで醗酵させるかわりに、同じ量を樽で醗酵させる場合は、ぶどうを圧搾し、八千リットルの果汁を取り出してそれをいったんステンレスタンクに入れ、醗酵がはじまるまで待ちます。そして上下に攪拌《かくはん》して、果汁の濃度を均一にしたあと、三〇から三五個の樽に入れ換えます。そのほうが簡単だからです。でも、税務署の基準から言うと、これは違法になるでしょう。醗酵がはじまったあとで、樽に移すわけですから。

　税務署の指導を守ろうとすると、果汁を醗酵していないままの状態で、三五個の樽に移さないといけません。そして三五個の樽について、一つ一つ、醗酵がはじまっていないか確認しないといけない。ですから、猛烈に手間がかかります。果汁は不安定なので、腐敗しやすいのです。醗酵がはじまって、酵母が活動しはじめれば、ひと安心です。でもまだジュースの状態のときに三五個の樽に移すと、とても不安定になります。そうなると、還元臭と呼ばれるいやな臭いがしはじめる。硫黄くさい温泉のような臭いです。醗酵の途中で、ワインにそのような臭いがしはじめるのはよくありません。温泉臭いワインというのは、誰もあまり飲みたくないでしょう（笑）。還元臭がするのは酸素不足が原因なので、それを処理するには酸素を補給してやる、というのが一番簡単な方法です。そういうときに海外では、酸素を補給するため、ワインをべつのタンクに入れ換えます。空のタンクにはもちろん酸素が入っていますから、還元臭のするワインを、そこへ入れてやればいい。でも、醗酵がはじまったワインをべつのタンクに入れ換えると、税務署が喜びません。

しかも日本で問題なのは、担当者によって法律の解釈がちがうことです。そうした問題について、つくり手側では誰もがわかっているのに、なぜみんなで法律を変えるよう役所に働きかけないのでしょう。日本語には、すばらしくもおぞましい表現があります。それは、「しかたがない」(笑)。問題の内側にいる人たちは、変えるべきだとわかっていても、「しかたがない」とあきらめる。「まあ書類上のことだけだから」と。「しかたがない」という言葉は、状況を受け入れて「わかった、じゃあ頭を切り換えて忘れて前へ進もう」という意味ではすばらしいですが、最悪な言葉でもあります。「とりあえず、それは置いといて」と、先のばしにする。あるいはなにも明確にしない、という非常に日本的な感覚があります。

アメリカの税務署は、細かな点は気にしない

それからもう一つ。使うタンクは、税法上それぞれ事前に容量を測定する必要があるのです。タンクを満杯にしたら正確に何リットル入るかを計測し、タンクの容量を申請します。そして実

際にワインをその中で醱酵させたときには、樽の中でワインの水面が上から何センチ低くなっているかを二ミリ単位で計測して、中の容量を年月日とともに登録するのです。違法な酒づくりを防ぐためですが、これには膨大な手間がかかります。アメリカでも税務署は違法な酒づくりには目を光らせますが、タンクの容量については気にしない。製造ワイン千リットルと登録した場合、それが千リットル入りのタンク一個に入っていようと、二〇〇リットル入りのタンク五個に入っていようと、気にしないのです。使ったぶどうの量と、樽に入っているワインの量が合ってさえいれば、税務署は了解してくれます。そのやり方で、仕事がとてもスムーズに進みます。疑問があれば、担当者がやってきて調べる。生産量五〇〇ガロンと申告されたワインに疑問をもったら、ワイナリーにやってきて「見せてくれ」という。こちらが見せれば、それで納得する。それがボトルに入っていようと、大きなタンクに入っていようと、樽に入っていようと、合計量が合っていれば了解してくれます。

足利では、二〇リットル入り以上の樽ないしタンクはすべて登録が必要です。北海道では、二〇リットル未満もふくめ、すべてのタンクないし樽の容量を申請しないといけません。ココ・ファームに現在ワインが二〇〇樽くらいあるとして……樽を平均五年で新しいものと交換するとしたら、毎年新しい樽が四〇個入ってくることになる。すると毎年四〇樽について中のワインの量を計測しないといけません。これはうんざりするほど大変な作業です。法律を変える努力をするか、それとも「しかたがない」とあきらめるか（笑）。

アメリカ的な質問でお役人を困らせる

良いワインをつくろうとする者にとって、酒税法の中に非常に不都合な規則がある点を、私が税務署の人に直接指摘したこともありました。醗酵しはじめたワインをタンクから移動させてはならないという規則を、例にあげました。すると、税務署の責任者は「そうですね、明治時代の終わりくらいにできた、ずいぶん古い法律ですからねえ」と言いました。それが答えでした。基本的に彼が言いたかったことは、「古い法律だけど、しかたがない」（笑）。法律を変えるのは面倒だ、厄介ごとに巻き込まれたくないというわけです。

同じことがアメリカで起きた場合。アメリカでは、税務署の役人は市民の力になろうとします。たとえば私がこの法律は不合理だから、なくしたほうが良いワインがつくりやすい、その結果ワインの生産量が増えて、もっと沢山税金を納められると説明すれば、役人はその話に耳を傾け、べつのワイナリーに行って私の話が事実かどうか確かめます。そして答えがイエスだったら、不都合な法律を変えるように、みずから努力をする。それがアメリカ流です。役人は、自分たちの給料を支払っているのは納税者だとわかっているからです。

日本でも私は、なぜその法律がワインづくりにとって不合理か役所の担当者に説明しようとしましたが、まわりの人たちから止められました。「この担当者に強く言っても、しかたがない」（笑）と。たしかに現場の担当者に法律を変える権限はないし、わずか三年で交代してしまうのです。その点もアメリカとは大違いで、とてもやりにくいです。つねに新しい担当者とやりあうことになり、しかも人によって法律の解釈がちがうのですから。そのたびに、ゼロから議論をはじめないといけない。しかも相手は、ワインづくりについて専門知識をもっていないのです。もちろん、一人の担当者を長く一か所に配置しないのは、なれあいになり、買収や賄賂《わいろ》など汚職につながるのを避けるためだということはわかります。でも、私たちはここで三〇年ほどワインをつくってきたのに、役所の担当者がわずか二、三年で交代してしまうのでは、仕事のうえで良い関係を結ぶことはむずかしいです。

というわけで、日本の税務署はとてもこまかいです。アメリカの税務署は違法行為があったときは、容赦なく厳しい調査をおこないます。でも納税者が規則に違反していなければ、基本的にそれほどうるさくありません。かたや日本の税務署は、例外なくいつでもこまかいです。何度も何度もやってきて、チェックします。知恵子さんがその応対にあたるのですが、税務署がくることになると、知恵子さんはいつもきまって「明日税務署がくるから、ブルースはどこかに行っていて」と言うようになりました（笑）。私が、税務署の人に対してとてもアメリカ的な質問をして、相手を困らせたり、怒らせたりしてしまうからです。税務署の人から「これこれをしなさい」と言われると、私は「なぜですか?」と質問するし（笑）。相手は、規則に従うのは当然のことと考えていて、そんなところで「なぜ」と聞かれると思っていません。担当者によって法律の解釈がちがうため、新しい担当者に変わったとたん、それまで認められていたことが、認められなくなったりします。前任者と新担当者と、どちらの解釈が正しいのか、それはこちらにはわかりません。満足できる答えは、一度も聞かれませんでした。反応は「なんで質問などするのか、言われたことは、そのとおり実行すればいいのだ」という感じです。知恵子さん、眞知子さんは、税務署にあまりうるさく言わないほうがいいと考えているようで、役人がくるときは私を畑にだしたがります（笑）。

北海道に移ってからは、そういう処理も自分でしないといけないのですが、知恵子さんたちのやり方から学んだおかげでしょうか、私は税務署の人には黙ってニコニコしています。私は日本語を詳しく読めませんが、酒税法にはグレイゾーンが沢山あります。そして読み方によって、二通りの解釈ができたりする。それが問題の根本です。アメリカにはそういう問題はありません。それはアメリカでは、ワインをつくっている人たちの数が日本よりはるかに多いので、読み方によってちがう解釈ができたりすると、たちまち問題になるからです。アメリカには、「どうして?　なぜ?」と言う人が大勢います。ですから法律をつくる場合は、できるだけわかりやすく明確で、誰が読んでも同じ理解ができるように配慮がなされます。というわけで日本の税務署と

のやりとりは、私にとってフラストレーションになりますが、忍耐力を養うには良い訓練にもなります。これもまた、「しかたがない」ことだと（笑）。

4 — 仕事のパートナーたち

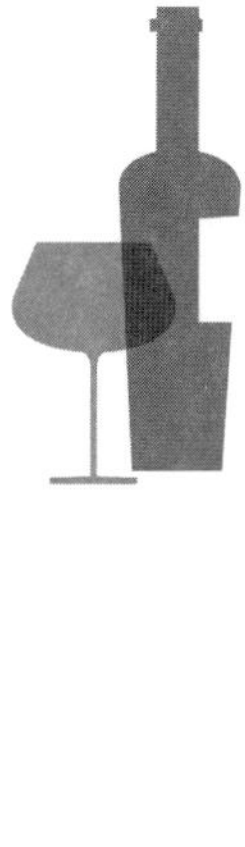

ココ・ファームの大きな原動力となっているのは「知的障害者」とされている人たち。彼らは有能な働き手として、すぐれたワインをつくりだしている。彼らに同じ仲間として慕われるブルースを、川田園長は、「外国人と思えないほど義理がたく神経が細やかで、なにも言わなくても腹でわかってくれる、じつに真面目な好青年。彼なら同情で買ってもらうワインではなく、品質で勝負できるワインをつくってもらえるという予感がした」と語っていたという。

すばらしい仲間、園生たち

考えてみると不思議なことに、私はアメリカで知的障害を負った子どもに出会った経験がありませんでした。家族や親族の中にも、障害のある人はたまたまいなかった。学校では、たぶん当時は障害のある子どもたちは特別教室に通わされていて、ふつうの学校にはいなかったのだと思います。ボーダーラインの子どもも現在では一般の学校に通っていますが、私の時代にはクラスが分かれていました。そのためクラスに障害のある子は、いなかったのです。ですから、こころみ学園の園生たちとの出会いは、私にはとても新鮮でした。

私にここでの暮らし方（こころみ学園流）を教えてくれたのは、園生たちです。私がなにもよくわからないまま日本にやってきて、ココ・ファームに着いた最初の夜は、遅かったので宴会場に行って終わりだったと思います。そして学園にもどって宿舎に泊まったのです。翌朝目を覚まし、誰かが迎えにきて、一緒に食堂に行きました。そこで園生と顔を合わせたのです。そのときの朝食はじつに、忘れられない体験でした。

園生たちは私を見て喜んだのです。日本にきたとき、私はふつうの日本人からのほうが強いリアクションを受けました。でも園生たちは、私を「新入り」がきたという感じで、自然に受け入れてくれたのです。そして日本にきたてのころの私は、たしかに知的障害者のほうに近かったと思います。言葉も規則も、人とのつきあい方もわからなくて。その私に対して園生たちは最初からオープンで、いろんな場面で手を貸して仲間に入れてくれました。彼らはふつうの大人たちのことは、「〇〇先生、〇〇さん」と呼びましたが、私のことは「ブルース」とか「ブルースさん」と呼んでくれたのです。

食べることが目茶苦茶に好きなマサミ

こころみ学園では、園生たちがひと月に一度くらい町にバスで買い物に行く日がありました。ときどき私も一緒に行きましたが、私が行けないときは、園生たちがおみやげを買ってきてくれたのです。そしてなぜか理由はわかりませんが、おみやげはいつもハンバーガー。デパートにハンバーガー店があり、園生たちがそこで買ってくるのです。帰ってくると、私の宿舎のドアをノックして私にハンバーガーを渡す。私がいないときや寝ているときは、入口のところに置いていく。ちょうど日本の人が、お墓にお供えものをするみたいな感じです（笑）。私を神さまみたいに思ったのでしょうか（笑）。はじめたのはコーちゃんでしたが、ほかの子たちもなぜか同じことをするようになりました。私がどこかから帰ってみると、ドアの前に五つばかり包みが置いてあることも。あいにく、私自身はそれほどハンバーガーが好きではありません。でも「買ってこないで」、とは言えません。ですから「どうもありがとう。おいしかった」と言って、冷蔵庫にしまっていました。その冷蔵庫は飲み物を売る店に置いてあった、ガラスの扉がついているタイプで、その店の主人がくれたのです。ですから部屋で座っていると、いつもハンバーガーが見えました（笑）。

ところがしばらくして、私が留守の間にべつの園生が宿舎に入り、ハンバーガーを食べていたことに気づきました。私がココ・ファームにきたのは十月でした。そしてハンバーガーが届きはじめたのは、十一月ごろ。十二月のはじめには、冷蔵庫にハンバーガーが山になっていました。クリスマスが近づいても、私は忙しくてアメリカにもどれませんでした。そこで、アメリカの家族からクリスマスプレゼントが届き、妹は自分で焼いたクッキーを缶に入れて送ってくれまし

冬の間に虫が卵を産みつけたりしないよう、剪定後の枝をぶどう園から拾い出す園生

た。その缶を私は冷蔵庫の上に載せておいたのです。そしてある晩、友だちと飲みに出かけた翌朝、クッキーの缶を開けてみると、かなり減っていました。変だな、こんなにクッキーを食べてしまったとは、昨日はすごく酔っぱらっていたんだろうかと（笑）。わけがわからないまま、缶をもどしました。そして何日かして、まったく同じことが起きました。夜中に帰ってきて翌朝起きて缶を見ると、クッキーがほとんどなくなっていたのです。そんなことがあった数日後、宿舎にもどってみると、玄関に誰かの靴が脱いであり、園生のマサミが部屋にいて、妹が送ってくれたクッキーの缶が開けっぱなしになっていました。彼が私の食べ物をくすねていたのです。私はどうすればいいかわかりませんでした。二人で三〇秒ほど、黙ってにらみあいました。彼はそれで安心したのか、またクッキーを食べはじめました（笑）。それを見て私が「ワーッ」と叫ぶと、彼も同じくらい大きな声で「ワーッ！」と（笑）。そして私が先生を呼びにいって帰ってみると、彼はもういませんでした。ハンバーガーも彼のしわざでした。私にしてみれば、そっちはかえって助かったくらいですが、妹のクッキーは、ちょっと残念でした（笑）。

マサミは本当に大食いで、夜中にワイナリーに忍び込んで、冷蔵庫のバター（二五〇グラム）を食べたこともあります。近所の店へ入り込んで、店のクーラーにあったアイスクリームをぜんぶ食べたことも。それでも体型はスリムで、力が強かったのです。そこは小さな店であまりお客さんがいなかったし、マサミがアイスクリームを全部食べると、学園に連絡して、そのお代をも

初夏、一房一房のぶどうに「傘」をかけて、雨や病気からぶどうを守る

らっていたので、店にとってはかえって良い商売になったかもしれません（笑）。

マサミは暴力をふるう傾向がありましたが、私にそんなところを見せたことは一度もありません。あるとき、一緒に仕事をしている最中にパニックになり、私が彼の腕を押さえつけたとき、私は噛《か》まれるかと思いましたが、私が「アー」と言ったら、おとなしくなり、噛んだりしませんでした。なぜか私のことを「シロップ」と呼んでいました（笑）。

歌が上手なやさしい友だち、ダイスケ

そして「ダイちゃん」と呼ばれていたダイスケ。彼は本当に愉快な、すばらしい人でした。やさしくて、ナイスガイそのものでした。彼と知り合うことができ、彼を「友だち」と呼べるのは、じつに光栄なことです。とても悲しいことに、もう亡くなりました。一〇年ほど前です。

ダイちゃんは私にシンゲンガヤ・フランキー堺・コック長先生という長い名前をつけてくれました。正式名はそれらしいのですが、「フランキー堺」はめったに使わず、ふだんはシンゲンガヤ・コック長先生でした。彼が誰かに名前をつける場合、長いほど敬意がこめられていると聞きました。ふつうは「ミッチャン先生」みたいな呼び名が多かったです。

歌が好きで、「エイトマン」が得意でした。収穫祭のときステージで歌ったり、カラオケ大会で歌ったり。彼が歌うと、いつも大受けでした。すべてを出し切って、全身全霊をこめて歌うの

です。

ダイスケは、ほんとにいいやつでした。一緒によく遊んだし、いたずらもやりました。彼は醸造の常勤スタッフでしたから、仕込みや瓶詰めのときはかならず一緒でした。さぼることもありましたが、仕事ぶりはたいていいつも真面目です。そして朝礼で当日の作業を発表するとき、彼はそのたびにちがうことを言いました。「気をつけ！」とか「こ、こ、これから、写真クラブをはじめます」とか（笑）。唐突に、ほんとにすばらしいことを言うのです。

歩きながら、頭の上でパッと片手を広げることもありました。そうやって、お日様に挨拶をしていたのです。はたから見れば、わけのわからないことをしていても、ダイちゃんには彼なりの理由がありました。歩いている最中に、「オッ」と言って鼻の上でゲンコツをにぎったり、突然大股で跳んだあと、「こ、これはわたしのわざです」と言ったり。彼のすることは、どんなことでも、ちゃんと彼なりの理由があったのです。常識からはずれているように見えても、彼は彼なりに完全に正常でした。私はダイスケと暮らして、それがわかりました。ただほかの人とはちがう世界に生きているだけ。彼のほうから見れば、私たちのほうがおかしいと思えたでしょう。

園生の一人が亡くなったとき、学園でお葬式がありました。みんなしんと静まり返って、園生が前のほうに座り、その後ろに保護者や先生方が座っていました。そしてお坊さんがお経をあげている最中に、突然ダイちゃんが立ち上がって前に進み出ると、くるりと客席のほうを振り向い

ぶどうが色づくころ、畑に集まるカラスを園生が明け方から日没まで空き缶を叩いて追い払う

て、合わせた両手で空中に大きなバッテンを描くような動作をしたあと、黙ってまた座ったのです。

式が終わったあと、その動作の意味を訊ねると、「お坊さんが、間違った席に座っていた。だから、明日もう一度、式を最初からやり直さないといけない」と言ったそうです（笑）。つまりダイちゃんは、葬式を仕切っていたわけです（笑）。

そして彼は、とても頼りがいのある働き手でした。仕事を上手にこなすだけではなく、ダイちゃんがいてくれると周囲が明るくなり、精神的に助かる部分が大きかったのです。彼はとてもだいじな存在でした。その彼があるとき、体調をくずして三日ほど仕事を休んだのです。私は心配して様子を見に行きました。「ダイスケ、大丈夫ですか」と訊ねると、布団に寝たまま「だめです」と。「どこか痛いですか」と聞いても「いえ」と答えるので、「なんの病気ですか」と訊ねたら、「け、仮病です」と（笑）。まったく、障害者と言って良いのだろうかと思うほどの冴え方です。

ほんとにやさしかったし、すばらしい人でした。頑固になるときもありましたが、それはダウン症の特徴の一つです。嫌だと思ったことは、したがらなかった。「だめです、だめです、やめろ、やめろ、やめないか！」と。でも、好きなことは手を抜かずにやりました。たとえば瓶詰め作業などは好きでした。瓶を洗って、ワインを入れて、コルクで栓をして、コンテナに入れて、ローラーに載せて、ガラガラガラとべつの場所に運ぶのです。その作業のうち、彼は瓶詰めしたワインをローラーに載せてべつの場所に運ぶ係でした。瓶詰め作業をするときは、朝礼で彼が「今日はこれから、ガラガラバーン！　がはじまります」と発表しました。瓶詰めのことを、彼はガラガラバーンと呼んでいたのです。その作業を、彼はとてもきっちりやりました。才能があって、むらのない仕事をしたのです。

　子どもたちと一緒の作業では、こちらが教えられることも沢山ありました。あるとき、一人の園生が作業場にやってきたのですが、遅刻してきたうえに、いくら教えても作業がうまくできず、のろのろしていて、さぼろうとしているように見えました。それでつい頭にきて、思わず「もういい、君は今日は、この作業はしなくていい」と言ってしまいました。するとその子は、敷居のところで黙って長靴を脱ぎはじめたのですが、靴に手をのばして脱ごうとしてもなかなかうまくいかず、しばらく黙って立ちつくしていたのです。それを見て、自分はなんということを言ってしまったのかと、本当に胸が痛くなるほど後悔しました。園生たちにとっては、靴をはくことだけでも大変な苦労をする場合があるのです。その子もその朝、ずいぶん苦労して長靴をはいて、やっと作業場まできたにちがいありません。そんなことも理解せず、自分勝手に叱りつけてしまったと思うと、後悔してもしきれませんでした。顔を洗うこと、服を着ること、私たちが当たり前と思っていることも、こころみ学園の子どもたちにとっては、ぜんぜん当たり前ではないのです。大変な思いをしながら、毎日暮らしているのです。そんなことさえ想像できなかった自分を、あのときほど恥ずかしいと思ったことはありません。

収穫祭の朝の、園長との乾杯

川田園長は、ひと言では言えないほどユニークな人でした。あのような人に会ったのは、はじめてです。とても単純で率直な面と、とても複雑な面があり……。複雑なアイディアを単純な考え方、行動の仕方に変えることができた人だと思います。何につけても「自分でやってみることがだいじ」という信念をもっていました。そして実際に、できる限り自分でなんでもやろうとした人です。考えることはだいじだけれど、考えすぎは生産的ではないとも言っていました。園長先生は、たぶん、ふつうの人たちより園生とのほうが、コミュニケーションがとりやすかったかもしれません。私自身も、園生たちとのほうが、ボディランゲージで話すので、気持ちが通じやすいのです。園長は私に対しても同じ感覚だったかもしれません。たとえば午後、仕事中の私を園長が訪ねてきたとき、私はワインをグラスについで差し出します。あまり話はしませんでした。「おいしいですね」とか、「今年のワインは去年よりちょっと甘い」とかくらいで。

園長は本当によく働く人でした。私は早起きで五時くらいに起きて畑に出るのですが、園長は私より早く畑にいました。そして夕方は、誰よりも遅くまで働いていたのです。そして園生には

川田昇園長とワインを酌み交わすブルース

情熱を傾けていましたが、ときには厳格な親のようなところもありました。つねにやさしいのですが、子どもたちもふくめ、人に対して厳しくもあった。厳しくても納得がいきました。それが相手にとって一番いいことだと信じて、厳しくしていたからです。偉大な人でした。

園長と私のあいだには、ある決まりごとがありました。収穫祭の日は、みんな朝早くから大忙しで準備に追われます。きれいに掃除をしたり、お客さまの安全確保のためにいろいろな場所を整備したり。そしてある収穫祭の朝、どちらが先に言い出したかは忘れましたが、園長先生と私で、「誰もこなかったときは、どうしよう」と言ったのです。収穫祭は、一年のうちでも忙しい時期に開かれます。そんな時期にお客さんたちのために、すべてを片づけていい環境をつくるのはかなり大変です。そんな苦労をしたあげく、「誰もこなかったら、どうしよう」と（笑）。その後、毎年収穫祭の朝には二人でそう言い合うのが習わしになりました。その言葉がいつの間にか少し変わって、「今年もきたね」と言うようになったのです。つまり、「今年も一年間、なんとかうまくいきましたね」という意味です。収穫祭の日がくると朝早くに私がグラスにワインをついで、二人で一緒に「今年もきたね」と言い合いました。「お疲れさま」という思いを込めて。

園長は、それをとても喜びました。園長が車椅子を使うようになったある年の収穫祭で、私はグラスにワインをついで一緒に飲みながら、「今年もきたね」とは言わずに、「ワイナリーをはじめたころ、ここがこんなふうになると想像していましたか」と訊ねました。それほど早い時間で

Harvest Festival
Harvest Festival
Harvest Festival
Harvest Festival
Harvest Festival
Harvest Festival

はなく、午前の十一時ごろです。すでに目の前には、ぶどう畑のあいだにお客さんがいる風景が、海のように広がっていました。園長はなにも言わずに、いつものような謎めいた感じで、私を見てにっこり笑いました。そしてワインを飲み干してグラスを置いた。それだけでした。みずから働けなくなったのはつらかったでしょうが、でも大きな幸せも感じていたと思います。大勢のいろんな人たちに対して自分がどれほどだいじなことをなしとげたか、わかっていたでしょう。「何年も前の収穫祭で出会って結婚し、この子たちが生まれたんです」と、収穫祭に家族できてくれる人たちもいました。そういうことは、全体のほんの一部にすぎませんが、そのすべてに園長は感動していたと思います。

園長のがむしゃらな前向き思考――「のぼ」誕生のころ

園長は自分の名前（昇）をもとに「のぼ」と命名された、ココ・ファームのスパークリングワイン「のぼ」が、二〇〇〇年の九州・沖縄サミットの晩餐会で供されるワインに選ばれたとき、とりわけ喜んでいました。園生たちがつくりあげたものが、認められたのですから、誇らしかったでしょう。スパークリングワインをつくろうというのは、園長の考えでした。ある年に雨が多くて、甲州ぶどうは香りがあまりなく、糖分も不足していました。台風に襲われたあとだったかに、私は機嫌が悪くなり、「こんなぶどうでは、ふつうのワインにならない、スパークリングワインくらいしかできない」と愚痴を言いました。そうしたら園長が、「わかった、じゃあスパークリングワインをつくろう」と言ったのです。

愚痴をこぼすのは愚か者、すぐれた人は前向きに考える（笑）。それが、「のぼ」をつくったきっかけでした。本格的なスパークリングワインをつくるには複雑な工程があり、うまくつくるのは簡単ではありません。でも園長はいい意味での単純さで、「スパークリングワインをやってみよう」と言ったのです。それで知恵子さんに相談したところ、彼女はスパークリングワインが好きなので、「ぜひつくってください」と（笑）。

そして畑のつくり方をGWC方式に変えてから一年目で、スパークリングワインづくりに成功したことが励みになりました。その後は、いまでもつくり続けています。九州・沖縄サミットで使われたということで、園長は私に感謝していましたが、成功はチームの力です。畑作業をしたのは学園の園生たち、つくろうというアイディアは園長先生、つくり上げたのは全員です。

園長はシャンパーニュ地方のような地下蔵をつくるため、ぶどう畑の西側にあった山の崖に掘削機を使って自分でトンネルを掘ろうともしました。フランスのワイナリーを見学に行ったとき、二千年前のローマ時代のトンネルが貯蔵庫として使われているのを見たのです。シャンパンの貯蔵用に最適な温度が保たれる、地下のトンネルです。園長はその発想がとても気に入り、掘削機を使ってひとりでこの崖を掘りはじめました。「ローマ人にできたなら、自分にできないはずはない」と（笑）。問題は、シャンパーニュ地方のローマ人が掘ったのは石灰質の崖で、柔らかく、しかも崩れにくかった。でもここの崖は、この辺では「馬鹿石《ばかいし》」と呼ばれているもので、手で掘れるくらい柔らかい点はローマ人のトンネルと同じですが、じつはもろくて崩れやすいのです。みんなが見守るなか、園長が掘りはじめたのはいいけれど、一メートルか一メートル半くらい掘ったところで、上の部分がドカッと落ちてきた（笑）。さいわい園長に怪我はなく、笑っていました。でも、もっと深く掘っていたら、崩れ落ちた崖の下敷きになっていまごろ命はなかった、もうそれ以上はやめたほうがいいと、みんなに止められました。それでプロを呼んで掘削を頼むことにしたのです。

そんなふうに、がむしゃらにやろうとするのは、じつに園長らしいところです。たぶん楽観的な人なのでしょう。自分にはできるという、自信もあったと思います。

スパークリングのかなめは、味と香りの記憶

スパークリングワインのつくり方にはいくつか方式がありますが、基本は瓶の中で二次醱酵させる、トラディショナル方式と呼ばれる方法です。ココ・ファームでもこの方式をとっています。一次醱酵のあと、ワインをイースト菌と一緒にもう一度醱酵させるのですが、醱酵中に炭酸ガスが発生します。すると澱《おり》が出てくるので、瓶を下に傾けた状態で少しずつ回転させて口の部

山のワイン貯蔵熟成庫。年間を通して温度14～16℃、湿度60～80%に保たれる

分に澱をため、たまったところで口の部分を冷却して澱を抜く。この作業をくり返すのです。手間がかかり、技術的なむずかしさもあります。むずかしいのは、スパークリングワインを仕込んでから飲むまでのあいだに、かなり時間がかかる点です。ふつうの白ワインの場合は、ぶどうを十月に圧搾したら翌年の三月から五月には、だいたいその味と性格がわかります。その期間は数か月しか離れていませんから、オリジナルのぶどうの味とワインとのあいだの関係がつかみやすい。でもスパークリングワインでは、瓶内二次醱酵をさせるトラディショナル方式をとった場合、味が決まるまでに三年から六、七年かかることもあります。ココ・ファームでは、アンテラージュ（熟成期間）にだいたい三年かかります。

そしてスパークリングは、熟成のあいだに激しく味が変わります。スパークリングをつくるむずかしさは、私にとってはその時間差です。一次醱酵、二次醱酵、そしてその後と、味が変わっていく。そこで味や香りを記憶することが、非常に重要になります。そこがむずかしい点です。ぶどうの味から瓶詰めしたワインの味までを記憶すること。それにもとづいて次の年は、どのようにするかを決めていくわけです。

いいスパークリングワインには、ボディ（うまみ）とシルキーさ、そしてきれいな細かい泡がそなわっています。沢山のダイアモンドがちりばめられた、シルクのスカーフのような感じです。「のぼ」の場合、甲州ぶどうだけではそれが実現できませんでした。そこでべつのテクニックを使い、古澤巌さん[*]個人用のドライな白ワインをつくるために確保してあったリースリング・リオン種のぶどうを、古澤さんには申し訳なかったですが、使わせてもらいました。甲州にリースリング・リオンを加えて、スパークリングをつくったのです。

＊ヴァイオリニスト、一九九四年よりココ・ファームの取締役。

家族のような存在、知恵子さんと眞知子さん

現在ココ・ファームの責任者である知恵子さんと、こころみ学園のほうの責任者で、以前は畑仕事の中心的存在だった眞知子さんは、私の姉妹のような存在です。きょうだいなのでたがいに喧嘩することもありますが、私は二人をとても尊敬しています。

二人は自分が置かれた立場、つまり園長の娘であることを、つらく感じるときもあると思います。園長の娘であるというのは、容易なことではありません。園長は偉大な人で、ほかの子どもたちの面倒を見ている。率直に言って、彼が自分自身の子どもたちの面倒をどれくらい見られたか、私にはわかりません。学園のことで頭がいっぱいだったかもしれません。ときどき、彼が自分の親だったらどうだろうと考えることもありました。そしてある面では、実際に彼を自分の父親のようにも感じました。でも園長と知り合ったのは、私が二六歳のときで、すでに自立していました。二六歳になっていれば、父親との関係も一〇歳のときとはちがいます。でも幼かったこ

ろの娘たちにとっては、どんな父親だったでしょう。たぶんいい父親だったと思いますが、園生たちに対する責任も大きかった。園長はその人生を選んだのです。知恵子さんと眞知子さんはその彼のもとに生まれました。二人はその暮らしにノーと言えなかったし、家を出て東京で暮らす、海外に出るなどというべつの道を選ぶこともできなかった。遠大な計画のため、父親の力にならねばなりませんでした。家族の仕事を支えるために、犠牲にしなければならなかったことも沢山あったでしょう。ストレスもあったと思います。

そして知恵子さんと眞知子さんは、どちらも美人でやさしくて強い女性で、とても才能があります。知恵子さんはディテールにこだわります。ずいぶん長いあいだ、トイレにこだわっていました。外国に行ったときも、トイレに行くたびに写真を撮るのです（笑）。たとえばサンフランシスコの高級レストランに行くとトイレをのぞきにいき、「ワーオ」と興奮してもどってくる（笑）。それは、沢山の「知恵子イズム」のうちの一つです。彼女にはビジネス上の経営方針もふくめて、さまざまな独自のこだわりがあります。そしてその一つが、「トイレをのぞく」ことでした（笑）。しかも、何年にもわたって（笑）。インテリアのヒントにするためです。トイレを見ると、その店がお客を大切にしているかどうかわかると言っていました。知恵子さんには美的なセンスがあると同時に、ビジネス面でも才能があります。大勢の人が働いているので、責任は大きいし大変だと思いますが、とても意志が強くてパワフルです。経済的なセンスにもすぐれ、こ

池上知恵子さん（上）、越知眞知子さん（下）とブルース

の会社を盛り立てて規模の面でも経営方針の面でも、ずいぶんいろいろな変化をもたらしました。

妹の眞知子さんも、賢くて魅力にあふれた人です。そして猛烈な仕事のプレッシャーを抱えています。現在の日本の社会福祉システムは非常に面倒で、仕事の内容もとても深刻です。知恵子さんがワイナリーを会社として経営していくのも、もちろん大変なことです。スタッフの生活がかかっているのですから、破綻しないように維持していかないといけない。でも、たとえ破綻したとしても、社員はほかで仕事を探すことができます。かたや眞知子さんの場合、彼女が抱えているのは人の命です。園生、その保護者……猛烈に大きな責任があります。しかも、あの園長の足跡を継ぐには、大きな靴を履かないといけません。園長にはカリスマ的なところがありました。眞知子さんにそれがないとは言いたくありません。彼女はじつに個性的ですから。でも、園長と同じような感じで、したいようにすることはできないでしょう。とはいえ彼女は園長の娘で、一本筋の通った女性です。眞知子さんは、園長の遺したものをしっかり受け継いでいけると思います。とても働き者だし、芯の強さとやさしさをかねそなえているので、周りの人たちが自然と手伝いたくなるのです。

そして二人とも、ユーモアのセンスにあふれている点も素敵です。大きな責任を負っていながらも、笑うのが好きで、沢山笑う。二人が笑うのを見るのは、うれしいことです。一緒に仕事をしながら、二人がここまでになるのを見られて、私にはおもしろい二五年間でした。私がここにきたとき、眞知子さんは学園の先生の一人で、ワイナリーにはまだそれほど関わっておらず、畑のほうの仕事がおもでした。私がきたために通訳兼世話係として、醸造のほうにも関わるようになったのです。私は一家をとても尊敬していますし、自分の家族のように感じています。

二五年前、日本女性の夢は結婚だった

二五年経ったいまでは状況も変わりましたが、私が日本にきて最初のころ、外国人と知り合ってデートをしたがる日本女性の多くが望んでいたのは「結婚すること」、それだけでした。私は日本にきて、日本の女性にとても興味をもちました（笑）。どこにも魅力的な女性が大勢いて「いまなにをしているの？」と訊ねると、「学校に行っている」「会社に勤めている」と答えます。「将来はなにをするつもり？」と訊ねると、なにも考えていない。基本的に、結婚を待っていたのです。いろいろ楽しく遊んだあと、数年したら結婚して主婦になる、というパターンでした。もちろん家庭の主婦や子どもの母親になることは、とてもだいじな仕事ですが、とても頭のいい話のおもしろい人もふくめて、大半の女性が主婦を目指していました。社会が、女性のとるべき道は家庭だと言っていたのです。

そんななかで、知恵子さんと眞知子さんの二人はとてもちがっていました。あの当時の状況のもとで、ワイナリーを立ち上げて、将来も見えないなか、その中心になってやっていくというの

は、大変なことだったと思います。たいていの人が、はたしてうまくいくのかと心配したことでしょう。日本ではとくに、強い女性は自分の望む道を進もうとするとき、苦労が多かったと思います。いまでは、だいぶ環境が変わっていますが。

若くて優秀な醸造の職人たち

ココ・ファームのスタッフはみんな働き者ですし、頭も性格もとてもいいです。そして、誰もがこころみ学園の園生たちと一緒に働くことに、やりがいを感じています。ワインづくりをかっこいい仕事、ワインをグラスについでくるくる回して試飲したりする、おしゃれな仕事と思ってやってくる人たちもいます。でも実際にはほとんど一日中、暑い畑の中で汗を流したり、ホースで水撒きをしたりする仕事なのです。夜は若くてかわいい女の子たちに囲まれてすごすかわりに、疲れきって風呂に入ってビールを飲んで、おにぎりを食べて寝るだけ。足は水虫になるし。大変な重労働です。最近はつくるワインの量が増えましたから、以前よりもっと大変になりました。

スタッフはみんな独学です。私はあるところまでは、影響をあたえたかもしれません。でも、彼らはもともと才能をもった人たちだったのです。そしてココ・ファームでつくられた良いワインが大勢の人の注目を集めたおかげで、応募してくる人の数も増えました。そしてスタッフになった人たちは、それぞれいい仕事をしています。私が若いスタッフに言ったのは、とにかく楽しんで仕事をするようにということだけでした。楽しみながらワインをつくることが、いいワインをつくる一番の決め手に思えるからです。そのほかのことは彼ら自身が自分であれこれ試しながら、体で学びとっていったのです。

現在は柴田君が製造のトップで、彼の仕事は醸造がおもです。栽培のトップは桒原一斗《くわばらかずと》君、彼がぶどうの管理をし、柴田君と相談しあって仕事を進めています。それぞれおもな担当部門は少しずつ異なりますが、栽培と醸造の両方を担当するスタッフは、柴田君や桒原君のほかに六人です。私は、人に自分の意見を押しつけるのがいやなので、相手の意見を聞きながら、おたがいにいい方向を見つけていくという方法をとっていました。若いスタッフたちも、同じやり方をしていると思います。

5 北海道でワイナリーを立ち上げる

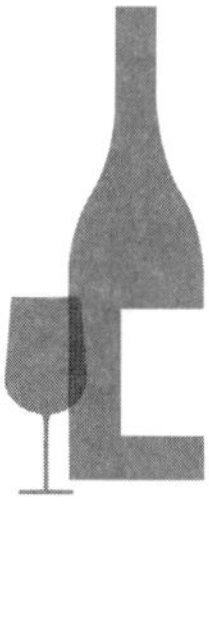

ブルースは現在ココ・ファームでの仕事も続けながら、北海道の空知管内岩見沢市栗沢に一四ヘクタールの畑を確保し、独自のワインづくりをはじめている。妻の亮子さん、娘の宇詩ちゃんと三人で移住したのは二〇〇九年。すでに「風」「森」などのシリーズで、評価の高いワインをつくりだしている。

動機は後輩たちの成長と、職人のこだわり

北海道で自分のワイナリーをつくろうと考えたのは、もちろん自分独自のワインづくりをしたいと考え、北海道に良いぶどうが採れる場所が見つかったことが大きな理由です。でも、そのほかにいくつか理由があります。その一つが、ココ・ファームの製造部のスタッフに充分力がついたことです。ワインづくりにかぎらず、なににについても言えることですが、なにかを教えていると、生徒が先生に質問をしはじめる時期がきます。優秀な生徒ほど、能力がつくといろいろ質問したがるようになる。ワインづくりはじつに創造的な仕事です。少なくとも私にとっては、たんにお酒をつくる作業ではなく、職人的な部分があります。そして柴田君のようなスタッフは、その創造的な部分にとても敏感に反応し、私にいろいろ質問するようになりました。その質問に私

が答えを言えば、彼らがおこなう作業は、私の考えを踏襲することになってしまいます。自分自身をいかにクリエイティブに表現すべきかを、考えなくなってしまう。そういうことが多くなったのに気づいて、私は潮時だと考えました。私以外の人が中心になって、作業をすべき時期がきたと感じたのです。ココ・ファームのスタッフは、独自のものをつくりだせる力を身につけ、ワインづくりの技術面では、熟練になっていました。そのうえで個人個人が自分ならではの独創的な部分をのばすには、私が前に出るのではなく、彼ら自身にまかせるべきだと判断したわけです。

北海道に移ろうと決めたもう一つの動機は、職人としての私自身のこだわりです。ココ・ファームは母体であるこころみ学園の園生とその保護者や職員、あるいはココ・ファームのスタッフや全国で支えてくれている大勢の人たちのために、しっかりと確実に継続していく責任がありまず。以前は狭い事務所に眞知子さんと二人きりという感じでしたが、しだいにスタッフの数も増えました。私は個人的には、スタッフがたがいにファーストネームで呼びあえるくらいの場所で働くほうが性に合っています。それは私が日本人ではなく、人づきあいが苦手なせいかもしれません。そしてココ・ファームは日本のワインメーカーの中でも最も手作業を大切にしてワインをつくっている会社ですが、職人としての私には、たとえばぶどうを選ぶ場合も非常に強いこだわりがあります。私にとって原料は、ワインづくりで一番大切にしたい部分です。毎年同じぶどう、それも有機農法で栽培されたぶどうを使ってワインをつくりたい。でもそうするとコストが二倍近くかかります。職人としての私は思い切りこだわったつくり方が好きですが、ココ・ファームの取締役である以上は、そんなこだわりを第一にはできません。というわけで、私はジレンマを抱え、とてもつらくなりました。その矛盾は、いまでも自分の中で解決がつきません。

悩んだすえ、「一歩しりぞく」ことが少なくとも私にとって、ベストな解決法だと考えたのです。そして、べつの場所で有機農法を採り入れたワインづくりを思う存分してみたいと知恵子さんに相談しました。彼女は本音のところは賛成したくなかったかもしれませんが、寛大な気持ちでイエスと言ってくれたのです。ただし、私がその後もココ・ファームのワインづくりに携わることを条件にしました。私にはその申し出がうれしく、ありがたいと思いました。私自身も、ココ・ファームとの関係を続けたいと考えていたからです。

空知に移り10R（トアール）ワイナリーをスタート

独自のワインづくりのための場所を選ぶにあたって、私はすぐれたぶどうが採れて、自分が望むようなワインがつくれる場所なら、日本にかぎらずどこでも良いと考えていました。フランスでも、イタリアでも、ニュージーランドでも。ただ、これから成長する娘のことを考えると、アメリカは銃も簡単に手に入って危険が多く、人びとがたがいに敬意を払わず、あまり健康的な国とは言えないと判断したのです。最初はヨーロッパを候補にしました。でも同時に、そのころ北

北海道栗沢のトアール・ワイナリー

海道のぶどうを仕入れることが多くなっていて、北海道には自分が目指すようなぶどうをつくれる可能性を感じました。そして外国より日本を選んだ大きな理由の一つは、亮子です。当時娘の宇詩は、小学校に上がる年齢を迎えていました。宇詩が幼稚園のころ、亮子は働かずに母親に徹しました。娘が幼い時期には、ちゃんとつき添ったほうがいいと考えたからです。でも宇詩が小学校に上がる年齢になり、自分の時間がもてるようになったとき、亮子はワインづくりを私と一緒にしたいと言いました。

そして実際に北海道のいくつかの地域で畑を見て回り、自分が望むぶどうを栽培できると実感しました。北海道を選んだのは、ココ・ファームで日本各地のワインをテイスティングしたときに、香り豊かでバランスのとれた北海道産のワインと出会い、強い印象を受けたことがあったからです。そして北海道産のぶどうを仕入れてみて、香りも味も豊かで、酸味がきれいであることがわかりました。北海道は年間を通して気温が低いので、夏でも夜は涼しく、ぶどうを育てる場合も病気があまり広がりません。そして冷涼な気候のおかげで、ぶどう栽培で使用する農薬が少なくてすむ点も、好条件に思えました。そこで自分のワイナリーをつくるなら北海道がいいと考え、最終的に岩見沢市栗沢の土地を選び、畑を確保したのです。

内陸でも寒暖差のある場所では、ぶどう本来の風味が残りやすいのです。白ワインやスパークリングワインにはとくに大切な酸味もしっかり残り、病気の果実も少なめになります。ワイン用ぶどう、とくにヨーロッパ品種のピノ・ノワール、ソーヴィニヨン・ブラン、シャルドネなどは、あまり寒い場所では冬の凍害で枯れてしまい、翌年の春に芽が開かないので、栽培がむずかしくなります。でも雪の多い場所なら、苗は雪の下で眠ることができます。気温がマイナス二〇度になっても、雪が布団のように苗を守ってくれるのです。それに加えて、痩せていて水はけがいい土地、というのも条件の一つにしました。土が痩せて水はけがいいと、苗はそれほど伸びず、果実も量はあまり採れませんが、採れる実は味わいが深くなります。そこで北海道で雪が多く、痩せていて水はけが良い場所を探し、南空知で中澤さんや山崎さんが育てているピノ・ノワール、歌志内の近藤さんが育てているソーヴィニヨン・ブランに高い可能性を感じ、空知に決めました。札幌からそれほど離れていなくて便利な点も、理由の一つでした。

ぶどうの実を味わえば、その可能性は判断できます。良い土地に育ったぶどうは、味わってみると、ワインづくりにとって望ましいすべてが揃っていることがわかります。果実味、深み、豊かさ、良い酸味。赤ワイン用の場合は、良い渋みがあること。生の渋みでも、弱い渋みでもない、快い渋み。これらが、すぐれたぶどうに見られる特徴です。大切なのはそういうぶどうを、適切な場所で適切に育てること。たとえば、カベルネ・ソーヴィニヨンを空知に植えても、だめです。カベルネ・ソーヴィニヨンは、晩熟品種で、熟すまでに時間がかかり、暖かい気温を必要とする種類です。空知だと気温が低くて夏が短いので、適していません。

というわけで、二〇〇九年に亮子と宇詩の三人で空知管内の栗沢に移り、10R（トアール）ワイナリーと名づけたこの畑で、その年の春から作業を開始しました。畑にはおもにピノ・ノワールとソーヴィニヨン・ブランを植えました。そして実際にワインができたのは、二〇一二年の秋です。

大切なのは農夫、そう考えて「トアール」と命名

私たちの畑の広さは、一四ヘクタール。その中には傾斜がきつすぎたり、日当たりがよくなかったりと、ワイン用ぶどうの栽培に適していない場所がかなりあります。北海道は寒いので、日当たりが最大限に必要です。北に面した畑では、ぶどうがそれほど収穫できません。とくに秋、太陽が低くなる季節には、ぶどうの熟成があまり進まないのです。私たちの土地の大半は北に面していて、ぶどう畑に使える場所はかぎられています。一四ヘクタールのうち、農地が九ヘクタール。そのうち二・三ヘクタールがぶどう畑です。一・八ヘクタールにピノ・ノワールを八千本、〇・五ヘクタールにソーヴィニヨン・ブランを千五百本、その他のぶどうを八〇〇本植えました。ゆくゆくは、もう少しぶどう畑を広げたいと考えています。ここを選んだ理由の一つは、畑があって、そのとなりにはなにも手入れをしていない自然があり、そのとなりにまた畑がある、というようなつくり方をしたいと考えたからです。バイオダイバーシティ（生物多様性）

やパーマカルチャー（持続可能な有機農業）を目指しているのです。つまり、さまざまな環境やエネルギーを共存させること。多様な要素がたがいに刺激を受けあって、共存できるようにしたいのです。悪いとされている虫や土の特性を、逆に活かすわけです。そして殺虫剤や除草剤は、できるだけ使いません。狭い畑で、周囲に自然のままの環境が多く残っている場所では、畑の環境は自然のほうへ取り込まれる可能性が高くなります。そう考えて、自然を活かした畑づくりを考えています。作業は大変ですが、おもしろいです。

ワイナリーを10Ｒ（トアール）と名づけたのは、ワイナリーの名前を意味のない透明なものにしたかったからです。ワインでは、ボトルにかならずワイナリーの名前が入ります。そして日本のワインのラベル表示は、酒税法や食品衛生法などにもとづいて、ワインの原料である〝ぶどうがつくられた場所〟ではなく、〝ワインを瓶詰めした場所〟が表記されます。ぶどうを栽培した農家が酒類製造免許をもたない場合、自分のところとはべつのワイナリーにワインづくりを依頼すると、瓶詰めをおこなったそのワイナリーの名称がラベルに表示されるのです。かたやアメリカでは、ラベルに製造ライセンスの番号さえ記されていれば、ワイナリーの名前は明記しなくてもよいことになっています。そのほうが、醸造を委託された人がワイナリーの名称にこだわらずに、自由なスタイルでワインをつくることができます。私は北海道のワイナリーで、アメリカ方式に近い形をとりたいと考えました。つまり、ほかの農家から依頼されて受託醸造をする場合、ワイナリーの名称を〝名なし〟にしておけば、ワインのつくり方を自由にできるのではないかと考えたのです。そこで私は「あるワイナリー」という名称を思いつきました。「無印」的な考え方です。でも、亮子が「あるワイナリー」より、「とある」のほうがいいと言い、私もそのほうが雰囲気があると考え、「トアール」にしたわけです。

ワインは農産物です。ワインの善し悪しは、すべて農業のしかたで決まります。人の手で意図的につくりだす人工的なものではありません。つまり、私は「ワイナリー」を目立たせたくなかったのです。大切なのは農家であり農夫ですから。ワイン・コンサルタントのリチャード・スマートは、いつも言っていました。「どこへ行っても、ワイナリーでスターになっているのは、ワインのつくり手だ。畑でぶどうをつくっている人たちには、誰も注目しない。そしてワインのつくり手はつねに、ワインの決め手の九九パーセントはぶどうの質だと言う。ワインメーカーが、心からそう信じているのなら、なぜぶどうのつくり手が有名にならないのか」と。ワイナリー（醸造）そのものはそれほど重要ではない、本当に重要なのは農業。畑をもっと真剣に見直す必要があると、彼は言いたかったのです。だいじなのはワインづくりの後ろにいる人たち、ワイナリーに注目は集めたくない。北海道のワイナリーを「トアール」と命名したのも、そんな意図からです。

保健所から指導された「のぞましい」ことがら

日本で暮らすようになって、税務署からは「しかたがない」という言葉の意味を学びましたが、北海道では保健所から「のぞましい」というあいまいな表現を学びました（笑）。北海道でワイナリーの建物づくりにとりかかったとき、行政の人たちと話をするたびに、頭が痛くなりました。知恵子さんにほめてもらえると思いますが、私はとても穏やかに応対したのです。「ああ、そうですか」「そうですねえ」と。でも、ワイナリーの建物の設計について保健所の担当者と話をしたとき、彼らは日本人には珍しく、とても沢山質問をしました。なぜこれが必要なのか、なにに使うのか、など。そして法律に従ってこうすべきだとは、はっきり言わないのです。そのかわりに「これこれが、のぞましい」、という言い方をしました。私は、「のぞましい」がどういう意味かわかりませんでした。その晩家にもどって、「のぞましい」を辞書で引き、意味がわかりました。そして、翌日も同じ担当者が「これものぞましい、あれものぞましい」と何回もくり返すので、私はしだいに「のぞましい」という言葉が大嫌いになりました（笑）。

私の栗沢のワイナリーは、日本の伝統的な設計による木造建築です。日本の古い酒蔵は木でつくられていて、酒づくりにとって理想的な環境であり、屋根は切妻造りで造形的にも美しい。私たちも、そのような醸造所をつくりたいと考えたのです。ところが保健所の担当者は、ワイナリーでは天井は平らなもの以外は認められないと言いました。保健所の規則では、ワインでも牛乳でもチーズでも食品製造に使用する施設の場合、天井や梁など木を使った部分が露出していると、加工の途中でタンクの中に埃《ほこり》や微生物、昆虫やネズミなどが落ちる可能性がある。そのため木材の部分が露出していてはいけない。ただし、壁や天井板などで覆ってあれば許可される。そしてその天井板は、平らでないとのぞましくない（笑）、というのです。というわけで、空知のワイナリーでは仕方なく、屋根の内側に平らな天井板をつけました。

それから、手を洗う流しの位置も問題でした。醸造をおこなう建物では、すべての入口の近くに流しを一個つけなくてはいけないというのです。そこで私たちのところでは、三つ必要になりました。それだけではありません。ワイナリーの中には瓶詰め用の部屋があります。そこでも、部屋の外側に流しをつけるよう指導されました。そこはワイナリーの入口に近い場所で、六メートル離れたところにすでに流しが一つあるのです。ワイナリーに入って一度手を洗ったあと、なにも触っていないのに、また瓶詰め室に入る前に手を洗わないといけないのでしょうか。担当の人はその矛盾をわかっていたと思いますが、「そのほうがのぞましい」と（笑）。

そんなぐあいに日本の保健所はとてもこまかいですが、食品の安全を確保することが彼らの仕事ですから、理解はできます。でも、ワインは安全な飲み物です。何千年も前から人びとがワインをつくって飲んできました。それほど長く人に愛され、飲まれてきた理由の一つは、とても安全だからです。何千年も前の時代には冷蔵庫もなく、採ったぶどうは、放っておけば数日で腐りはじめたはずです。そのまま生で食べれば、お腹をこわしたでしょう。でも、腐る前に食べ残しのぶどうを素焼きの壺に入れてつぶしておくと、魔法のようにぶくぶく泡が立ちはじめ、しばらくすると安定した飲み物になりました。それは長期間保存ができて、中毒など起こさない飲み物でした。もちろん飲みすぎれば、酔っぱらって気分がわるくなりますが（笑）。世界のどこでも食品の安全確保は大切ですが、ワインに関しては、なぜ食中毒を心配するのか理解できません。

チーズや牛乳などの乳製品は微生物が発生するので、気をつけないと病気のもとになりやすい。ですからヨーロッパでも乳製品の製造会社に対しては、施設の清潔さや食品の安全性について厳しい規制が設けられています。でもワインづくりに関しては、そんな規則はありません。フランスには洞窟の中でワインを醸造したり、古くて汚れた樽を使ったりしているワイナリーもあります。ワインの場合、食中毒は問題にならないことを保健所が理解しているからです。

日本の保健所の担当者も意地が悪いわけではなく、自分の役目に忠実なだけです。でも、ワインの性格を理解すれば、安全確保にあまり神経をとがらせる必要がないことがわかるはずです。

あえて古典的なワインづくりに挑戦

栗沢に畑を確保してワインをつくるにあたって、私は畑での作業もふくめ、できるだけ人の手を介入させない、古典的な方法をとりたいと考えました。もちろん現代の機具を使いますから、まったく古典的というわけでもありません。でも基本的にはつくり手である人間がではなく、土地がどんなものを生み出すかを優先させることにしたのです。それには、観察がとても大切です。ぶどうを植えて、生長を見る。すぐれた農業、そしてすぐれたワインづくりには、なにより観察が大事です。なにかをして、その結果を見ること。ワインづくりは基本的には科学ですが、昔の人たちの視点をもつことが大切だと私は考えました。

　北海道で化成肥料を使い、きれいに手入れした畑をつくっている農家の人たちが、トアールの畑を見学にきます。一部のぶどうはとても枝の伸びがわるく、今年（二〇一四年）で六年目の苗ですが、まだ少ししか育っていません。本来ならもっとぼうぼうに伸びているはずなのに。そのため、「あんたは、本気でやってるの？」と言われてしまいます。化成肥料を沢山入れて、植え直したほうがいいと忠告されるのです。私が「でもこの苗は頑張っているんです。これは命のあかしなんですよ」と言うと、すごく笑われます。考え方が、ぜんぜんちがうのです。農業もビジネスだから、収入につながらないと意味がないということですね。でも私は、経済的なむずかしさは承知のうえで、だいじなのは収益だけではないと考えています。日本には自然農法を推進し、『自然農法 わら一本の革命』という本を書いた、福岡正信さんという感動的な人がいます。彼は自分が農業をはじめたのは「良い人間になるため」だと言っています。私は本当にその通りだと思います。私は良い人間になるためという以上に、より人間らしく生きるために、農業が自

分にとって大切だと考えています。この地球の上にたかだか七〇年か八〇年しか生きない人間が、自分の思い通りに育たないからといって、苗をすぐ伐採してちがうものを植えたり、農薬をどんどん使ったりすることが、はたしていいことかどうか……。たいていの農家は、自分の畑に虫の姿を見たくないので、農薬をひんぱんに使います。でも私の畑では殺虫剤をあまり使いたくないので、虫の害はどこまでなら許容できるか、どこで一線を引くかと考えています。

福岡正信さんという人は、そういう意味で私にはとても重要な存在です。これまで私は、自分にとってワインとはなにかというパズルを解こうとしてきたように思います。でも、それを解くための鍵が見つかっていなかった。私はワインづくりの科学的な面を理解し、その結果も手に入れました。そして古典的なワインづくりとその結果も手に入れた。でも、その二つの側面が、自分の中でぴたりと嚙み合わなかったのです。でも福岡さんの本を読んで、すべてのピースが嚙み合うようになりました。そして少なくとも私自身は、すべてがどうあるべきか理解できたように思います。

アグリビジネスで小さな農場が消えていくアメリカ

どんな仕事でも、それがビジネスになったときに問題が起きるのです。農業もビジネスになると、原則としては一年間の経営レポート上で、最終的にどれだけ利益がでたかということが、成功の判断基準になります。

アメリカでは大規模な農業（アグリカルチャー）のことを、アグリビジネスと呼んでいます。そしてマイケル・ポーランという人が、『雑食動物のジレンマ』という本で、食べ物の現状について書いています。アメリカ中部のカンザスなどの農業地帯には、豊かな資源、肥沃な土地がある。その豊かな土地でトウモロコシなどをつくり、どうやって収益を上げるかを中心に考え、農業を振興させてきました。でもトウモロコシを沢山つくりすぎると、単価が下がり、利益が上がらなくなります。そこで行政も関わって、トウモロコシの使い道を考えました。人の食用のほかに、牛などの飼料にもしたのです。それでもまだ使いきれず、コーンシロップをつくりました。甘いシロップです。アメリカでは、人が食べる食品のほとんどなんにでも、そのシロップが入っています。だからアメリカの食べ物はなんでも甘くてカロリーが高い。マクドナルドの現在の定番商品も、コーンシロップを使い切るために考えだされました。それが、アグリビジネスです。アグリビジネスのために、遺伝子組み換えなどもおこなわれます。トマトなどの野菜も、味や見た目ではなく、一ヘクタールあたり何トン採れるかということで、品種改良がなされるのです。

アメリカ中部では家族経営の農場が、しだいに消えています。競争力がないからです。わずか一〇〇から一二〇ヘクタールの規模で、家族でトマトやトウモロコシを栽培するのでは、もはや経営として成り立ちません。少し離れた場所で、大会社が数千ヘクタールの単位で農場をつくり、すべてを機械化し、家族農場の場合と同じくらいの人件費で管理できるのですから。そのほうが絶対に儲かります。家族農場はとても太刀打ちできません。日本にも同じ傾向があります。現在、北海道では小麦や米もかなりつくられていますが、農家の数がどんどん減っていて、一軒あたりの栽培面積が増えています。規模の小さなところが消えていき、大企業がやっているところが増えているのです。

シャンパーニュで目にした月面のような畑の連続

数年前にシャンパーニュに見学に行ったとき、驚いたのは風景がまるで月面のようだったことです。見渡すかぎり人の気配がなく、雑草が生えていないむきだしの地面が広がっていました。シャンパーニュの人たちはいま、そんな場所でぶどうを育てているのです。畑を害虫も雑草もない状態にするのが、一般的になっています。雑草が生えてきたら、除草剤をふんだんに撒く。蛾が飛んできたら、すぐに殺虫剤を使う。畑全体を消毒するわけです。自然派のつくり方では、薬の散布は最小限に抑えます。大切なのはバイオダイバーシティ、生物の多様性です。畑の中にできるだけ多様な命があるようにする。自然の草もそのまま生やし、殺虫剤も撒かない。いろんな虫がいる状態にすれば、ある虫がぶどうにつく虫を排除する可能性が出てくるからです。殺虫剤を撒くと、益虫も一緒に殺してしまうので、害虫が増える割合が高くなったりします。

生物の多様性を目指すと、もちろんうまくいかないこともあるでしょう。虫が増えて収穫に影響がでる。収益を第一に考える人は、そういう面を歓迎しません。その結果フランスでは、自然派のシャンパンづくりはほぼ皆無の状態になりました。大きなビジネスが、シャンパンづくりの背後で動いているからです。かつてのヴーヴ・クリコは、いまではＬＶＭＨモエ ヘネシー・ルイ ヴィトンの傘下になりました。クリュッグもモエ・エ・シャンドンも、いまや巨大な会社が後ろ楯になっています。彼らはいかなるリスクも嫌います。ですから殺虫剤を畑にたっぷり撒く。シャンパーニュにほんの数か所だけ、自然派のワインメーカーが残っています。そのうちいくつかを訪ねました。畑に連れていってもらったのですが、茶色いだけの月面のような畑が何マイルも続いたあと、ようやく一か所、道沿いに緑色の草が生えている畑が見えました。「あれが、あなたの畑？」と訊ねると、「そうだよ」と（笑）。

アメリカでも日本でも、ワインを飲む平均的な人は、スーパーなどで売っているワインを、値段本位で買います。ラベルが「かわいい」とか（笑）。普通の人は農業のあり方が環境にどれほど大きな影響をあたえるか、理解していません。アメリカで、アグリビジネスが大成功しているのは、消費者があまり考えないからです。時計を巻き戻して昔にもどれと言うつもりはありませんが、それが本当に賢いことかどうか、問題をもっと増やすことにならないか、考えてもいいのではないでしょうか。

「消えてなくなるもの」にこそ渾身《こんしん》の力を

規模が大きくなればなるほど、目に見えない部分に大きな影響がでます。ココ・ファームも、それほど大きくならないこと、こころみ学園の園生たちと一緒にやることがポイントではないかと私は思います。こころみ学園の園生は、機械ほど素早い仕事はできません。でも、そのためにつくられている施設なのですから。私はビジネスとか、お金を儲けることを決して悪いこととは考えませんが、利益を中心にして考えると、たぶん結果はよくないと思います。

そしてワインは、農産物の中でも特別です。誰がどういう気持ちで、どういう哲学でつくったかを、みんなが知りたがる。ココ・ファームは、こころみ学園の川田園長が、たまたまワインをつくろうと考えて誕生したわけですが、それは正解だったと思います。ワインを飲む人の多くは、ワインがどういう気持ち、どういうポリシーでつくられているかということを、知りたがります。農業の世界ではアグリビジネスが広がり、大規模な農場が増えてファミリー農場が減ったりしていますが、ワインはちょっとちがいます。ワインは、どんな人がどういう気持ちで、どういうものを使って、どういう夢をもってつくったか、そういうことを知りたくなる飲み物です。その点でワインは農産物の中でも特別な存在と言えるでしょう。

四年前に亡くなった園長先生が、「消えてなくなるものに、渾身の力をそそげ」と言ったと聞きました。まさにその通りです。消えてなくなるものこそ、本当に大切なのです。

胸をつかれるようなワインは科学では生まれない

『パンドラの種』という本があります。その著者スペンサー・ウェルズは科学者ですが、ある日突然、科学にできることはきわめて限られているとさとったのです。私自身も科学を勉強しましたが、科学は私たちが考えているほど、有効なツールではありません。人類はいかなる科学的現象についても、その真の意味を理解することはできない。たとえば農業では、科学者が新たに開発された農薬をテストします。実験室でラットなどに注入して試すわけです。そこに含まれている化学物質で、ラットが異常行動を起こさないか、体重が減少しないか、がんに侵されないかなど。それで結果が異常なしであれば、その農薬は安全だと評価される。でもその化学物質が、農薬を散布した土地、散布する人、周囲の環境に対して本当に安全かどうかは、限定された狭い場所でラットに試しただけでは、保証できません。実際の自然界はそれよりはるかに複雑であり、人間の理解を超えています。

私たち人間には科学という強力なツールがあるから、なんでもわかると考えてはならない。それがウェルズの言いたいポイントです。彼は、ワインについてはなにも書いていません。でも、彼の考え方はワインづくりにも重要なことだと私は思います。現代のワインづくりは、科学にもとづいています。その科学は培養酵母を使うこと、酸を加えること、いくつもの化学物質を使うことを推奨しています。私がデイヴィスで学んだのは、そうした方法が多かった。でも実際に現場でワインづくりをはじめてみたとき、その方法はあまり満足できる結果をもたらしませんでした。現代のワインづくりで科学を使うのは、競争力のあるすぐれたワイン、正しくて弱点のないワインをつくるためです。でも本当にすばらしいワイン、香りをかいだとき、これは本当に人間がつくったものだろうかと胸をつかれるワイン、美学的に美しいワインは、科学的方法では生み出せません。私がその昔ニューヨークで出会ったワインの中には、そんなワインがありました。私はそのつくり手の話を聞きに、訪ねていったこともあります。するとそういう人たちは、かならずと言っていいほど、科学的な方法を使っていませんでした。現代的な手法は使わず、土をていねいに耕し、農薬などは使わずに、できるかぎり手作業で、できるかぎり優れたぶどうを小規模に育て、収穫したあとも、やはりできるだけ人工的な手を加えずにつくっていたのです。

理想は、味わいに人ではなく畑が浮かぶワイン

私はワインをつくっていてジレンマを感じますし、フラストレーションも感じます。なぜこれほど科学を使っても、胸をつかれるようなワインができないのか。なぜすぐれたワインは、科学を使わない方法でつくられているのか。それは、ワインが本来、自然によってつくり出されるものだからなのです。ワインには少なくとも三つの生態系が働いています。一つはぶどうの栽培、もう一つは醱酵（微生物の働き）、そしてもう一つは、醱酵後の貯蔵。貯蔵の段階でも、樽やタ

ンクの中でバクテリアやイーストが作用します。

これらは、すぐれたワインのつくり手たちが言っているように、すべて自然の作用です。そして自然作用に対する人間の理解は、完全とはとても言えません。自然は、つねに人間の理解を超えています。ですから人間がたとえば酸や培養酵母などを加えると、理屈のうえでは効果があるとされていても、実際にはかならずしも正しい結果をもたらすとはかぎりません。科学ではわからない部分があるからです。自然の可能性は無限ですが、ひとたび人間が手を加えたとたん、その可能性がかぎられてしまう。人間には、自然をつくりだすことはできません。ですから、手を加えれば加えるほど、ワイン本来がもっている無限の可能性を狭め、似たようなワイン、同じようなレベルのワインばかりをつくりだす結果になりかねないのです。

つまり、科学的な方法でグッドワインはできますが、グレートワインはできにくい。グレートワインをつくるには、ある段階でそのワインを信じ、自分は一歩退いて、ワインがみずから成長するのを見守る姿勢をとることがだいじです。ワインが生まれるためのいい条件を整えてやったうえで、生まれたあとはワインみずからに成長をまかせ、邪魔をしない、それがだいじなのです。

ワインづくりでその域に達する人は、めったにいません。ワインのつくり手は、つい手をだしたくなりますから。すぐれたワインを自分の手でつくって「名人」と呼ばれたいと望む、それは人間のエゴです。自然を信じ、自然にまかせるというのは、むずかしい。「なにもしない」ことのほうが、「なにかをする」ことよりもはるかにむずかしいのです。

私自身、自分のワインづくりの哲学は、なんだろうといつも自分に問いかけています。私が目指しているのは、基本的には農産物であるワインをつくることです。つまり、ワインにその土地が反映されていること。そのために、できるだけ人の手は介入させないこと。言い換えれば「土地の味」を大切にしたいのです。私が好きなワインのつくり手は姿が見えない人たち、つまり透明人間です。ワインを味わったとき、つくり手の姿ではなく、畑の姿が浮かぶようでありたい。それが理想です。

重要度を増す小さなワイナリーの存在

十年前くらいまで、日本のワインの八五パーセントは、八つの大きな会社でつくられていました。ほかのワイナリーははるかに小規模でした。大きな会社はぶどうも大量に必要とします。するとすべてが質のよいぶどうというわけにはいかなくなる。しかも、ワインを大量につくるとなると、平均的な消費者向けにつくることになります。平均的な消費者は、蓋がコルクではなくスクリューキャップで、値段も八〇〇円くらいのものを望みます。そこで大きなワイン製造会社は、そういうワインを中心につくるようになった。それがかつての日本ワインのイメージでした。

でもこの数十年のあいだに、日本のワインは大きく変化しました。総生産量が圧倒的に増えたと同時に、小さなワイナリーの重要度が高くなったのです。日本は、ずっと「大きいことは良いことだ」という発想でやってきました。たとえば、ビールの世界では地ビールが台頭しましたが、いまだにビールと言えばアサヒ、サッポロ、キリン、サントリーです。ワインの世界も同じことです。ワインの大きなメーカー、誰もが名前を知っているような製造元が、ワイン業界のリーダーとみなされてきました。

現在ではその状況が変化し、規模は小さくても質の高いワインをつくるワイナリーに注目が集まりはじめました。生産量はあまりに少ないですが、そういう質の高いワイナリーのグループが、日本のワインづくりで重要な役割を果たしはじめたのです。質の面では、こちらのほうがリーダー的になっているでしょう。大きな酒造会社も、現在では質が向上しています。ヨーロッパへ技術者を送り出して修業させたり、ボルドーのシャトーやナパのワイナリーを買収したりして、技術面での情報交換がなされ、外国スタイルの製法でつくるようになったのです。でも一九八〇年代、九〇年代に誕生した小さなワイナリーが、すぐれたヨーロッパスタイルのワインをつくるようになり、日本で最も魅力あるワインをいくつか誕生させ、市場の中で重要な地位を占めるようになりました。それが大きな変化です。

ココ・ファームも、日本のワイナリーの中では規模が小さいほうです。世界的にみれば、ヨーロッパでもカリフォルニアでもオーストラリアでも、最もすぐれたワインをつくるのは、小規模な家族経営的なワイナリーです。なぜならワインづくりの決め手は、すぐれたぶどうを手に入れ、真面目につくること、それにつきるからです。

日本人の醱酵好きが、ワインではマイナスに働く

日本ではとくに、良いワインをつくるには多額の資金を投入して、すぐれた機材を取り揃えるほうがいいと考えがちです。それはなぜでしょう。日本は世界のどの国よりも醱酵が得意な国です。日本中どこでも、醱酵に夢中（笑）。醬油、味噌、漬け物、日本酒、納豆……すべて醱酵でなっていません。アメリカにも醱酵食品としてビール、ワイン、チーズがあります。でも、食文化の中心にはなっていません。ビールもワインもチーズも、あればいいという程度で、醬油や味噌ほど重要ではない。かたや日本では醬油と味噌がない家庭など、考えられないでしょう？

ですから、日本の醱酵技術は世界でも群を抜いています。いまでも日本では自宅で味噌をつくる人がいます。アメリカで自家製チーズをつくる家庭は、めったにありません。というわけで、日本人は醱酵技術に長《た》けています。でもそれが、ワインづくりでは逆にマイナスに働きました。なぜなら、醱酵に重きを置きすぎるからです。これは私の個人的な考えで、そうではないと言う人もいると思いますが。すぐれた醱酵をおこなおうとするあまり、良い機械を買わなくてはとまず考えてしまう。ワインづくりで、どこが一番大切かを見失ってしまうのです。ワインづくりの

一番の決め手は、畑です。そこがかなめ。くり返しになりますが、ワインは農産物です。良いワインをつくるには、畑にいる時間を長くして、どうすれば良いぶどうが育てられるかを考えるのが一番大事なのです。醱酵の問題は、そのあとです。ワインづくりは、基本的にはローテク。ココ・ファームでもトアールでも、圧搾機、フィルタリング用機械などは揃っています。でも、最先端の醱酵技術などはありません。

長いあいだ、ワインづくりの鍵は醱酵にあると考えられてきました。でも、それはちがいます。鍵は、「すぐれたぶどうを育てること」です。フランスでワイナリーを見学しても、醱酵用に使われている機械は、何代も前から使われている古いものだったりします。有名なワイナリーでは、二〇〇年間も製造法を変えていません。それで世界的に有名なワインをつくっているのです。理由は、彼らが非常にすぐれたぶどうの栽培法を知っているから。すぐれたぶどうを育て、人の介入を最低限に抑えてワインをつくっているからです。

北海道で実現させたいミネラル感のある硬質なワイン

北海道のぶどうには、私の求めるものが豊かにそなわっています。ボルドーワインをつくりたい場合には、北海道はふさわしいと思いませんが、私はヨーロッパの北のほうのぶどうが好きなのです。ピノ・ノワールや、シャンパーニュあるいはロワール地方、ドイツや北イタリア、アルプス地方などのぶどうです。北海道で採れるぶどうには、とても質のいいもの、味がいいものが多いです。基本的に軽めで香りが高く、果実味がして、重たくなく、酸味があり、たぶん、人によっては、「硬質」と感じるワインができます。つまり口当たりが硬いワインです。口当たりが柔らかいワインを好む人も多いですが、私自身はワインに抵抗感、あるいは存在感が感じられるほうが好きです。ワインを言葉で表現するのはむずかしいですが、ワインの中には鉱物質（ミネラリティ）が感じられるワインもあるのです。灰汁《あく》とか、にがみとか、岩のような感じの味わい。それは、ヨーロッパの北の地方のぶどうに感じられます。私の印象ではブルゴーニュで採れたシャルドネ種でつくられたワインの中で、最もミネラル味が強いのはシャブリです。ピノ・ノワール種でつくられたワインとしては、リッチな味わいのロマネ・コンティなどが有名です。でも私が求めるのは、コート・ド・ヌィイやコート・ド・ボーヌの、知名度はそれほど高くないワイン。ヴォルネイ・サントノなど、あまり知られていない村のワインです。

　そのほかに、シャンパンで有名なシャンパーニュ地方のコトー・シャンプノワーズという場所でつくられた赤ワインも私の好みです。そこでは昔から赤ワインをつくっていますが、有名ではありません。シャンパーニュ地方ではシャンパンが中心で、ほとんど普通のワインはつくられていませんから。でも私はこのワインのミネラル質の特徴が好きで、そういうワインを自分でも北海道でつくれないかなと考えています。

実際に、つくれる可能性はあると感じているのです。気候的にはこうしたワインは、寒い地方でつくられます。賭けのようなもので、気候しだいですから失敗することもあるでしょうが。ワインづくりでは気候のほかに、土も重要な要素です。シャブリ、コート・ドール、シャンパーニュ、どこも土が石灰質です。とくにシャンパーニュの土には石灰質がたっぷりあります。シャンパーニュ地方全体が、厚さが何十メートルもある石灰岩のドームの中にあるような感じです。というわけで、土がとても大事。ただし北海道には石灰質の土はほとんどありません。ですから、私がワインに求めるミネラル感は、天候からえるようにしています。

栗沢でできた初めてのワイン「風」「森」「うた」

トアール・ワイナリーの畑に、まずピノ・ノワールとソーヴィニヨン・ブランを植えたのは、北海道に適した質の高いぶどうの中で、私と亮子が共通して好きなぶどうはなにかと選んだ結果、その二つの品種になったからです。ピノは、とても有名なぶどうで、世界の沢山の国や地方で採れます。寒い地方で育てると、独得の個性をもったワインができ、暖かい地方で育てると、またべつの個性をもったワインができます。寒い地方のピノでつくったワインのほうが、亮子も私も好きなのです。軽くて酸味があり、ミネラル感があるワイン。それは、カリフォルニアで育ったピノからは生まれない味わいです。

ココ・ファームですでに北海道のピノを使い、とても優秀なのはわかっていました。ピノからは、とても良いスパークリングワインができる可能性もあります。かたや亮子は、ピノは赤ワインにすべきだという考え方でした。というわけで、ピノからはスパークリングワインと赤ワイン、そしてソーヴィニヨン・ブランからは白ワインをつくっています。二〇〇九年に畑を開墾して、二〇一二年に最初のワインをつくりました。一〇ケース、一二〇本。ワインの名前は「風」（白）と「森」（赤）、「うた」（スパークリング）。それぞれ、私たちの畑と関係が深いものの名前です。風は畑に吹く風。湿気を払ってくれます。おかげで雑菌がつきにくい。そして、ソーヴィニヨン・ブランの畑の向こう側には暗い森があります。それほど大きな森ではありませんがエゾリス、ウサギ、キツネ、シカなどがいます。森は風をさえぎってくれるので、ソーヴィニヨン・ブランには良いことです。ピノは風が好きですが、ブランはあまり風が好きではありませんから。

森は、水の源でもあります。森には大きな木があり、雨が降ると木の根を伝って水が土の中にしみ込み、そこからゆっくり畑にも伝わってくる。ソーヴィニヨン・ブランの畑の斜面は森とつながっています。そのため、ソーヴィニヨン・ブランの畑は森の影響を強く受けています。

ココ・ファームのために北海道のワイナリーでつくっているのは、スパークリングワイン「北ののぼ」のキュヴェ（原酒）や、「こことあるシリーズ」のロゼワインなどです。私は現在もココ・ファームの一員であり、今後もずっとそうあり続けたいと望んでいます。

日本にワインをより深く根づかせるために

トアール・ワイナリーでは、自分の畑のぶどうでワインをつくるほかに、契約農家からぶどうを買うこともしています。そして空知を中心に自分のワインをつくりたいと考えている北海道各地の農家の方々にぶどうをもってきてもらい、一緒にワインを仕込んで、できあがったワインをその農家に売り戻す、という受託醸造もおこなっています。農家の人たちがワインをつくりに何年かトアールに通ってきて、一緒に作業するうちにノウハウを身につけ、いつか独自にワイナリーをはじめ、たがいに競争力をつけられたらとてもうれしいですね。

十年ほど前にあるインタビューで、二〇〇〇年後の日本のワイン業界はどうなっていると思いますかと、質問されたことがあります。そのとき私は、たぶんワインづくりは消滅しているでしょうと答えました。現在では、そのときより状況は良くなっています。でもまだ根は弱いように思います。知恵子さんもたぶん、同じ答えでしょう。いまから十数年前には、日本のワイン業界の人たちはココ・ファームがどんなワイナリーなのか、ほとんど知りませんでした。ナパで修業したワイン醸造家にも、疑問をもっていたでしょう。しかも障害者がつくっているのです。

でも、いまはちがいます。こころみ学園とココ・ファームが、日本のワイン業界に果たした役割はきわめて大きいと思います。園長のアイディアからはじまって、知恵子さんがそれをみごとに受け継ぎ、私たちがこれまでやってきたようなことを実現させたのです。園長をはじめ柴田君や福地さん、若田部さん、牛窪さん、知恵子さん、眞知子さんなど、何人もの力で。みんなとてもすぐれた、才能のある人たちです。そういうグループがいたからこそ、実現できたのです。ときどき私がいなかったらどうだっただろうと考えることがありますが、たぶん私がいなくても、とてもいいワイナリーになっていたと思います。

知恵子さんはわかってくれると思いますが、私は北海道で日本のワインのために、同じことをしてみたいと思っているのです。私たちは現在、まったく無名の存在にすぎません。でも北海道のワイン、そして日本のワインのネームバリューが上がったら、とてもうれしいです。

良きパートナー亮子さん、そして宇詩ちゃんのこと

亮子と出会ったのは、友人の結婚式でした。ココ・ファームにきて、アメリカとのあいだを何度か往復し、数年経ったころです。私は日本語を少しは話せるようになっていましたが、まだ充分ではありませんでした。そこで夏休みにカリフォルニアにもどり、語学学校で日本語のクラスを受けたのです。私はすでに日本に二、三年滞在していたので、日本語力はほかの受講者よりかなり上でした。ココ・ファームで働いていたので、日本語に少しは慣れていましたし、日本でバーに飲みにいくと、「あなたは何歳ですか」「どこからきたのですか」「結婚してますか」「家族はいますか」「日本の食べ物は好きですか」「日本の女性は好きですか」「ビールは好きですか」「日

本酒は飲みますか」「納豆は好きですか」などの日本語を、すぐに覚えます（笑）。バーでは、かならず聞かれますから。

ただし漢字のテストはまったくだめでした。そこで正式に日本語の授業を受けはじめ、同じ語学学校に英語を勉強しにきていた日本人のトシと友だちになりました。夏休みが終わって二人とも日本に帰ったあと、トシが会社の女性と結婚することになり、披露宴に私も招かれたのです。その席に、亮子もきていました。彼女はトシと同じ会社の社員でした。私はすぐに彼女を魅力的だと思い、その会をきっかけにデートをするようになりました。亮子とのデートは楽しく、話が合いました。でも、たがいに日本語で話していたので、理解しあうのがむずかしい部分もあったのです。ある日、トシと電話で話したとき、「彼女とはうまくいっている？」と聞かれ、「うん、とても好きだ。彼女はすばらしい人だ。でも、日本語ではこみいった話を伝えにくくて」と彼に話しました。「納豆は好き？」と聞いて、「いえ、納豆は嫌いです」みたいな会話ばかりでは、おたがいの関係を深めにくいし、とてもロマンチックとは言えない（笑）。私の日本語力では複雑なことは伝えられない、そんな話をトシにしました。するとトシが黙り込み、長い沈黙のあとで言ったのです。「でも、彼女は英語がとてもうまいよ。彼女はジョージア大学付属の語学学校に通っていたんだ。英語は完璧さ」。私は啞然《あぜん》としました。そしてすぐに彼との電話を切り、彼女に電話をかけました。「きみは、英語が話せるんだって」と言うと、彼女は「イエス」と答

ブルース、宇詩ちゃん、亮子さん

えました。「なんで、教えてくれなかったの？」と訊くと、「だって、聞かれなかったから」と（笑）。私がどこまで真剣か、試していたのかもしれません。

というわけで、彼女の英語は私の日本語よりはるかに優秀でした。でもしばらくすると、彼女は仕事を辞めて実家に帰ってしまいました。兵庫県です。その後、亮子は神戸に移って仕事をはじめ、私たちは会い続けました。新幹線に乗っての、遠距離恋愛でした。やがては彼女のご両親にも会い、めでたく結婚できたというわけです。

亮子は美人だし、率直です。古典的な日本女性とはちがいます。とくに北海道の畑で働きはじめてからは、日焼けしたせいもあって、日本人というより東南アジア人のようです。背が高くてスリムで、やさしくて知性がある。意志が強く真面目ですが、笑うのも好きです。料理が上手ですし、娘の面倒もよくみます。そしてとても尊敬できる人です。人と人との関係では、その点がとても大事だと思います。

娘の名前、宇詩《うた》は、亮子と二人で考えました。日本の漢字の名前に意味があるというのは、すばらしいことだと思います。ジョージやブルースなどには、意味がありません。宇宙の詩。人はみな宇宙の一部という気持ちでつけました。いま小学校六年生ですが、宇詩はすばらしい子どもです。頭が良くてやさしいし、おしゃべりだし、聞きたがり屋だし。人間的に私よりずっと良いです。栗沢はとても田舎なので、幼稚園が一つ、小学校も一つしかありません。みんな同じ小学校に通うのです。部活でバレーボール部に入っています。宇詩はいつも日本語で話し、英語はほとんど使いません。足利で暮らしていたときは、私が昼間ほとんど一日中家にいなかったので、毎日彼女と話せる時間は一五分くらいでした。北海道では宇詩が部活で忙しく、毎日七時ごろまで学校で練習をし、休日も夏休みも冬休みもバレー部のキャンプがあり、ゆっくり顔を合わせられません。私はバレーボールが嫌いになりました（笑）。

6 ワインをつくる楽しみ、飲む楽しみ

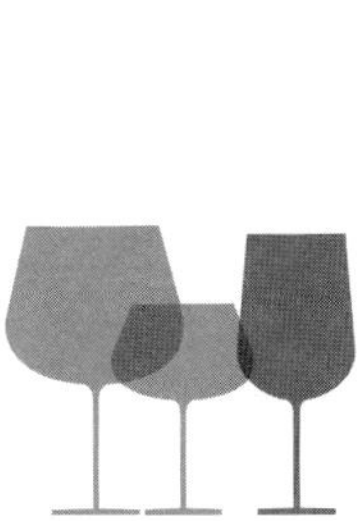

ブルースが日本にきてからすでに四半世紀。いまでは日本でも食卓や人の集まりに、ワインは欠かせないものになった。その楽しみ方に、規則はない。奥が深いと同時に、どんな人でも自由に「自分流の」飲み方ができるのがワインの醍醐《だいご》味《み》と言えるだろう。

日本での四半世紀。自分の変化、ワインの変化

一九八九年に日本にきてから、今年（二〇一四年）で二五年目。これまで生きてきた人生の半分近くになります。沢山うれしいことがあった年月です。泣いたり、笑ったり、怒ったり。私自身も変わったと思います。たぶん、以前よりグループの中でのハーモニーを大切にして、まわりの人に合わせられるようになった気がします。アメリカは、日本より個人主義が強い国です。自分がなにをどのように信じるかを、一番大事にする。でもいまの私は、相手と意見がぶつかるような場合にも、自分個人の考えや感じ方より、コンセンサス（総意）を重んじるようになった気がします。それが最も大きな変化かもしれません。それがいいことなのか、悪いことなのか、よくわかりませんが。アメリカと日本、つまり個人を重視する社会と、集団を重視する社会の両方を経験して、いまでは両方の良い点と悪い点がわかるようになりました。

私が日本にきたのは、ちょうど日本でワインづくりの歴史がはじまった時期で、ココ・ファー

ムで沢山の種類のワインをつくり、なにがしかの影響をあたえたことは確かかもしれません。でも日本でのワインづくりの歴史には、新潟県の川上善兵衛（一八六八―一九四四、日本のワインの父）など、大勢の人たちが貢献しています。

日本にきたはじめのころ、ワインといえば「甘い」ほうがおいしいとされていたことを考えれば、日本の人たちのワインに対する嗜好もこの四半世紀で大きく変化しました。私がきた当時はヨーロッパスタイルのワインづくりに対して、まだ社会的環境が整っていなかったのかもしれません。いまではそれが変わりました。日本の人たちが外国旅行に出かけたり、日本を訪れる外国の人たちを見たりして、フランスやイタリアでどんなふうにワインが楽しまれているかを体験しました。すると、甘いワインではなく、ドライなワインのほうが食事に合うこともわかってきた。日本でもドライワインに対する嗜好が育ったわけです。

そして日本のワインメーカーはドライワインをつくろうと考え、まずはその産地に行って実際におこなわれていることを学びとり、日本にもどってそれをそのまま模倣してみました。結果は、みじめなものでした。うまくいかなかったのは、天候も土地もちがうからです。私が来日したとき、山梨などで最も進んだメーカーを見学に行ってみると、畑のぶどうをボルドーやブルゴーニュとまったく同じつくり方で育てていました。カベルネ・ソーヴィニヨンの畑の土づくりも、ぶどうの木と木のあいだの間隔も、フランスの方法とそっくり同じでした。でも、ぶどうの木は、ブルゴーニュやボルドーの畑と同じようには反応しなかったのです。土がちがうし、とくに気候がまったくちがいますから。というわけで、日本で、日本の天候に合った育て方をするにはどうすれば良いのか、一から考え直さねばなりませんでした。それが日本のワイナリーにとって、一番重要なポイントでした。なかには、日本流のつくり方をするために、日本で最初のころにおこなわれたワインづくりの方法に戻ろうとする人たちもいました。その一方で、日本のワインづくりを改革するため、世界でおこなわれている方法に学ぼうとする人たちもいました。というように、日本のワインづくりにさまざまな試行錯誤が重ねられたのです。そこから、本当の日本のワインづくりがはじまったと言えるでしょう。私が日本にきたのは、そのころだったと思います。当時から考えると、日本でのワインに対する嗜好、ワインづくりに対する考え方の変化には、目覚ましいものがあります。

甲州ぶどうでつくったヴィンサント「ろばの足音」

ココ・ファームでつくって評判が高かったと同時に、振り返ってみてかなり満足できて誇りに思えるワインはいくつかありますが、その一つがデザートワインの「ろばの足音」です。甲州ぶどうからつくったおもしろいワインです。現在は赤でも同じ手法で「マタヤローネ」をつくっています。基本的には椎茸《しいたけ》を乾燥させる機械で、ぶどうを乾燥させてつくるのです。つまり干しぶどうからつくる、甘くて、リキュールのような味がするワインです。

甲州ぶどうは、ココ・ファームにきたはじめのころ、私にとってはチャレンジでした。私たちは自分の畑で採れたぶどうのほかに、山梨からもぶどうを買っていました。大量に入手できたからです。大量に収穫できるということは、日本の気候に適していることを意味します。果実もそれほど腐ったりしません。甲州ぶどうの名前は、デイヴィス校で勉強したときに聞いたことがありましたが、ここにくるまで実際に見たことはありませんでした。でも日本にきたら、山ほど見られました（笑）。香り（アロマ）もおもしろかったし、糖度はそれほど上がらないし。果皮が独得で、実は甘いのですが、皮の部分は渋い。とても興味深いぶどうでしたが、どんなワインをつくればいいか考え込みました。そこで山梨に実際に行って、何軒かのワインメーカーの人たちに会い、どんなふうにワインをつくっているか教えてもらいました。そして私たちは、甲州ぶどうを使って「足利呱呱和飲《あしかがここわいん》」をつくりはじめたのです。ココ・ファームでは、一番歴史の長いワインです。私は一九八九年にここにきて、九一年に「足利呱呱和飲」をつくり、現在もだいたい当時と同じつくり方をしています。このワインは、飲み心地のいいワインで、とても人気のあるすぐれたワインです。

でも、甲州ぶどうでつくれるのはこのワインだけだろうかと、私は考えるようになりました。ほかの方法も試してみたいと考えたのです。そのとき、イタリアのトレビアーノという白ワイン用のぶどうのことが頭に浮かびました。高級ではない普通のワインをそのぶどうでつくりますが、ときには特別なワインもトレビアーノでつくります。干しぶどうにして、ヴィンサントというワインをつくるのです。ぶどうを収穫したあと、屋根裏のマットの上で干したり、麦わらで縛って垂木に吊るしたりして、クリスマスやイースターの時期まで干します。それで、「ヴィンサント（聖なるワイン）」と呼ばれているわけです。平均的なぶどうの種類ではじめるのですが、乾燥させているあいだに香りがでてきて、糖度も上がり、ぶどうがとても甘くなり、豊かなワインができあがります。それを甲州ぶどうでつくってみたらどうかと、考えたのです。

ココ・ファームでは椎茸も扱い、干し椎茸もつくっていたので、工業用の乾燥機が揃っていました。そこで、その乾燥機に甲州を入れたら、干しぶどうがつくれるのではないかとひらめきました。その干しぶどうを使って、ヴィンサントのようなワインができないかと考えたわけです。ヴィンサントをつくるには、まずぶどうを圧縮に苦労するほどかなり乾燥させます。そしてこの干しぶどうを圧縮して、長い時間をかけて果汁を搾るのです。ですから果汁は少ししかとれず、搾汁率は少なくなります。ぶどう一キロからとれる果汁は、だいたい七二〇ミリから七四〇ミリグラム。それに対して干しぶどうにした甲州からとれる果汁は、三〇〇ミリグラム以下でした。

このヴィンサントは私自身も満足ができ、誇りに思えるワインです。いまでもつくっていますが、とてもいいワインです。イタリアのワイナリーを訪ねるときも、おみやげにもっていったり

OCO FARM

します。アルコール度数が高いですから、一度に沢山は飲めません。グラスに一杯、それで充分というワインなので、ハーフボトルにして売っています。

ワインはなぜ、果物の味で言い表されるのか

良いぶどうでつくられたワインは、さまざまな味がします。ソムリエが「このワインは、熟したチェリーをキルシュでマリネしたような味です」などと言うことがあります。なんのことか、さっぱりわからないかもしれませんが、要するに、ぶどうはきわめて複雑な果実なのです。多くの場合、ほかの果物の味がします。すぐれたピノ・ノワールの、古典的な表現は「熟したイチゴのような」です。すぐれたカベルネ・ソーヴィニヨンの場合は「ブラックベリー」か「カシス」。なぜそんな味がするのでしょう。

ワイン用のぶどうは、まさに多種多様です。人間が何千年ものあいだ選び抜いてきたため、種類が豊富になったのです。ペルシャ（現在のイラン）の人、グルジアの人、シチリアの人、ローマの人、北イタリアの人、フランスのローヌ渓谷の人、イギリスの人、が何千年もかけてぶどうを選んできました。野生ぶどうを摘んで、食べて、ワインに仕立ててきた。そして味わって、おいしければ同じぶどうを使ってワインをつくり、味が良くなければべつのぶどうで試す、という作業をくり返してきたのです。

そのようにして、何百種ものぶどうができました。そして、ぶどうはさまざまな果実の味がします。ぶどうも果実ですから、バナナの味だとか、イチゴの味だとか、なぜべつの果物の味にたとえるのかと、不思議がる人は多いです。ぶどうはぶどうの味ではないかと。それはたしかです。でも、ぶどうにはあまりに沢山の味わいがあるので、ぶどうについて「これはぶどうの味がする」と言うのは、ちょっと不便です（笑）。

そこで、ワインづくりに携わる人間にとっては、「これは胡椒《こしょう》の味、トウガラシの味、青海苔の味、バターの味、ブラックベリーの味、カシスの味がする」というぐあいに言うほうがわかりやすいのです。そうやって、ぶどうの味の性格を的確に言い表し、区別するわけです。寒い地方の、すぐれたピノ・ノワールは、イチゴやラズベリーのような味がする、すぐれたカベルネはブラックベリーやカシスのような味がする、メルローはプラムのような味……などなどです。白ワイン用のぶどうの場合は、ライチーのような味とか、バラの花びらのような香りとか。これらが、たいていぶどうの質の決め手になります。

ワインがわからないと思っている人への、ワイン選びのアドバイス

①とにかく沢山飲みなさい

ワインを選ぶときに、自分にはわからないと戸惑う人はまだ多いかもしれません。そんな人へ

のアドバイスは、「とにかくできるだけ沢山、ワインを飲みなさい」です。たしかに、ワインの最大の魅力が、ワインの一番の問題でもあります。つまり、ワインには数えきれないくらい沢山の種類があることです。使われているぶどうの産地も種類も沢山あるし、スタイルもちがいます。しかも店の人に値段を訊ねると、「七〇〇円から、六十万円のものまで」と答えが返ってくる(笑)。これでは、わからない人には選べません。ビールの場合なら、そんなにいくつも質問に答えなくても、気軽に買えます。「ヱビスは？」と勧められたら、「そうだな、久しぶりだからヱビスにしようか」という感じです。選択肢はかぎられているし、味にもそれほど大きなちがいはなく、値段もだいたい同じ。ビールやミルクを買うほうが、ワインよりずっと簡単です。ですから、ワインを買うときに迷いがちなのは、とてもよくわかります。

日本にはまた、横文字の問題もあります。日本製ワインのラベルにも、ローマ字が多い。そこでお勧めすることは、三つです。第一のポイントは、とにかくワインを沢山飲み、沢山味を知ること。真面目にしっかりワインを味わうことです。ワインに慣れていない人は、たいてい「ワインは好きではありません」と言います。それは、たんにまだ好きなワインを味わったことがないだけなのです。あまりに種類が多いので、味わう前からあきらめてしまう。でも、保証しますが、あなたの好きなワインはかならず見つかります。ですから、できるだけいろいろなワインを味わってみること。

②ワインショップのスタッフと仲良くなること

二つ目は、良いワインショップのスタッフと、話をすることです。大きな町に住んでいる場合は、たいていどこにでも良いワインショップがあります。そこへ行って、ワインの話をするのです。ワインについて知っているふりをする必要はありません。あなたのレベルで、正直に話をすればいいのです。

たとえば「今夜は魚料理で、ドライな白ワインが合うと聞いたけれど……魚に合うワインで、予算は二千円程度」というようなぐあいに話します。良いワインショップなら、どんな場合もあなたの身になって選んでくれるでしょう。そして選んでもらったら、そのワインを買って帰る。大切なのはそのあと、同じ店で同じ店員に、自分がそのワインをどう思ったか正直に話すことです。気に入ったか、気に入らなかったか。そしてたとえば、カレーライス（あるいは肉じゃが）には、どんなワインがいいか、などについて訊ねます。選んでもらったワインが気に入らなくても、それは相手があなたの好みをまだ知らなかったからです。ですから、回を重ねて、なぜ自分が選んでもらったワインが気に入ったか、気に入らなかったかを話します。「辛口すぎた」「でも香りは気に入った」などなど。そんなふうにワインのプロと親しくなれば、相手もあなたに合ったワインを勧めやすくなります。というわけで、二番目のポイントは、ワインのすぐれたプロと親しくなること。

③ワインのラベルを読むこと

三つ目は、ラベルに書かれた内容を理解することです。その中でも大切なのは二つの点、ホワットとホエアを知ることです。ホワット、つまり使われているぶどうの種類はなにか。そしてホエア、どこでつくられたか。ときには、ラベルにそれが書かれていないこともあります。ホエア（産地）については、フランス、ボルドー、カリフォルニア、ナパ・ヴァレーなど、大まかな情報はわかります。でも、ホワット（ぶどうの種類）については、すぐにはわからないこともあります。ヨーロッパにおけるワインの表記に関しては、アペラシオン・ドリジーヌ・コントロレ（原産地統制呼称）という法律によって、どんな種類のぶどうが使われているかが、すぐわかる仕組みになっています。ボジョレーと書かれた赤ワインだったら、品種はガメイと決まっています。でも、ガメイとはラベルに書かれておらず、知らない人にはわかりません。ですから店の人に聞くか、簡単な本を参考にするしかありません。

でも、私がホエアとホワットに注目するように お勧めするのは、そうやって同じ質問を問いかけ続けるうちに、だいたいの傾向が理解できるようになるからです。自分はカリフォルニアワインを好きになれないとか、リースリングが好きだとか、ガメイは好きじゃない、南フランス産のワインが好きだとか。基本的な自分の傾向がつかめるようになるでしょう。つまり三つ目の、ラベルに書かれた内容を理解することは、言い換えれば「自分の好みに気づくこと」です。

ワイン通の人は本を読んだりして、知識を蓄えますが、そうしてもいいし、そうしなくてもいいのです。保証しますが、ワインを沢山飲んで、どこで採れたどんなぶどうを使っているか質問を続けるうちに、自分はピノ・ノワールが好きだとか、リースリングが好きだとか、かならずわかってきます。そして相談しなくても、自分の好みにあったワインが買えるようになり、レストランで好みのワインが選べるようになるでしょう。

レストランで、ワイン選びのときにソムリエからむずかしそうなことを言われ、ますます敬遠してしまう、という人もいるかもしれません。お客を恐がらせ、ワインの知識がある人は偉い、ワインを知らない人は無教養という感じをあたえてしまうソムリエも、たしかにいます。それは残念なことです。生まれつきワインがわかる人などいないのですから。気後れをあたえてしまうと、ワインを飲みはじめた人も、ちょっと敬遠するようになってしまいます。そんなふうに偉そうに振る舞うソムリエもいますが、でもほんもののソムリエは決してそうではありません。たとえば田崎真也さんのような人は、じつに謙虚です。彼とも同じような話をしましたが、田崎さんは、そういう偉ぶったソムリエには大反対でした。

ほんもののプロフェッショナル、田崎真也さん

田崎さんは本当のワインのプロフェッショナルで、私は猛烈に尊敬しています。はじめて顔を

合わせたとき、私の表情にはそれまで抱いていたソムリエに対する偏見が、たぶんにじみでていたと思います。世界のどこでも、ソムリエはたいてい慇懃《いんぎん》無礼だったり、もったいぶっていたりするものです。私のようなワインのつくり手に対しては、彼らもワインのプロだとわかっているので、そんな厭《いや》みな態度はとりません。でもふつうのお客さんには、レストランなどでそんな典型的なタイプのソムリエが、偉そうに振る舞いがちです。

ワインを、洗練された高級な西洋文化の象徴のように扱い、ステータスが好きな人たちの前で、むずかしい言葉を並べ立てたりする。ワインを、しろうとにはわからない、近寄りがたいもの、畏れるべきもの、むずかしいものにしてしまう。自分たちこそがワインの権威だというふうに、印象づけたがる。それが典型的なソムリエのイメージで、日本ではとくにそんなソムリエが多いです。

田崎さんに会うまで、私自身もソムリエというとそんな感じだと思っていました。でも、田崎さんはとても率直で、彼が最初に言ったひとことに、私は心底びっくりしました。田崎さんは「自分の仕事は基本的にサービス業です」と、言ったのです。「お客さんを喜ばせること」だと。世界中のソムリエが、彼のような考え方をしたら、一般の人たちのワインに対する見方が大きく変わるでしょう。

私は感銘を受けました。ココ・ファームで一緒にワインを飲みましたが、彼のコメントはとても鋭かった。彼はワインを熟知しています。基本的なことだけでなく、ワインづくりのディテールについても詳しく、質問することも恐れません。はじめて試飲してもらったワインの一つが、甲州ぶどうを伝統的なシャンパン方式でつくったスパークリングワインです。甲州ぶどうを使ったシャンパン方式のワインというのは、それまで誰もつくったことがないものでした。それが一九九四年、九五年の「のぼ」です。当然ながら、彼にとっては初体験のワインでした。尊大なソムリエの中には、自分がわからないときは誤魔化す人もいます。でも彼はとても率直で、「このようなワインは、はじめてです」と言ったのです。そして「これはどういうワインなのか」「どうやってつくっているのか」「いつからつくっているのか」「目指しているのは、なにか」と、つぎつぎに質問してきました。そのワインに興味をもち、理解したいと思っていることが、はっきりわかりました。

プロの第一条件は、ワインに対して謙虚であること

私にとって、ワインの最高のプロの条件は、まず第一にワインについて理解しようとすること。ワインの専門家に多いのは、（日本以上にアメリカにはその傾向が強いですが）、ワイン評論家です。いろいろなワインを試飲して、点数をつける。八七点、九一点……というように。彼らは、ワインのほうから自分になにかを語るべきだ、ワインのほうが私を納得させるべきだ、と考

えているのです。そのようにワインを捉えることは、大きな間違いです。ワインは多種多彩であり、それぞれに少しずつちがう趣があり、ワインづくりの考え方も方法もそれぞれちがっています。ワインのプロにとって大切なのは、ワインを理解しようとすること。自分を主体にしてワインを捉えるのではなく、自分がワインのほうに近寄るべきなのです。私はそう思います。はじめてのワインを前にしたら、なにか判断を下す前にまず自分から質問をする。その結果、好きだ、あるいは嫌いだと判断すべきでしょう。まずは、ワインそのものを理解しようとすることが、大切です。どのワインも、それぞれにちがうのですから。

たとえばピカソの絵を理解するには、リアリズムの絵を理解するときよりも努力が必要です。でもぱっと見て、「これはだめだ」と判断するのではなく、自分が好きかどうか、きれいな色づかいかどうか、理解しようとすることが大切です。そのうえで、評価する。でもいわゆるワイン専門家の中には、「評価を決めるのは私だ」「ワインのほうが自分に近づくべきだ」という感じの人たちが多いのです。でも、田崎さんはちがいます。明らかにワインに敬意を払い、つねに学ぼうとしています。国際的なソムリエコンクールで優勝して有名になったのも当然です。彼は、本当に心からワインを愛している人なのだと思います。

ココ・ファームにもいろんな人がきて、「あなたはワインのすべてを知っていますね」と、私に言ったりしますが、とんでもないです。私はいつまでも学ぶ側にいます。ワインづくりは、すばらしくやりがいのある仕事なのです。ワインには猛烈に沢山の意味がこもっています。ワインを通して、私は福岡正信さんのような人を知りました。ワインを通して私は日本にきて、家族をもちました。すべてはワインを通して実現されたことです。ある意味で、巨大な世界です。目標は専門家になることではなく、学び続ける者になることです。死ぬまで私は、ワインを学ぶ者であり続けるでしょう。自分の力の許すかぎり、ワインについて学びたいと思います。そして田崎さんも、同じように考えていることが感じられます。

田崎さんは、脚本家の内館牧子さんとココ・ファームにきて、足利の旧家で旅荘となっている巖華園《がんかえん》に泊まり、私たちと一緒に夕食をとりました。テーブルには、沢山のワインが並びました。そのとき、田崎さんはワインについて質問もしましたが、基本的にみんなと食事を楽しむことを中心にしていたので、ワインは前面にでるのではなく、脇役に回りました。それも私は、すばらしいと思いました。テーブルの上でのワインの役目は、主役になることではなく、脇役です。夕食のテーブルで、一晩じゅうワインの話ばかりというのは、うんざりするほど退屈ですから（笑）。

田崎さんはココ・ファームの「第一楽章」について、日本の重要なワイン誌に「二〇世紀の最も重要な日本のワイン」などと書いてくれました。たしかに、田崎さんが推薦してくれたことは、ココ・ファームのワインには力になったと思います。でも、有名になるというのは、それ自体では、あまり意味のないことです。

ワインづくりはすばらしい仕事

その田崎さんに選ばれたココ・ファームのスパークリングワイン「のぼ」が、九州・沖縄サミットの晩餐会のテーブルを飾り、私のアメリカの家族も彼らなりに誇りに思ってくれたようです。でも、ワインづくりというのは、人が誇りに思う仕事かというと……。変わった仕事なので、一般の人にはその意味をあまりよくわかってもらえません。両親にとって、わが子が自分たちから離れて他国で仕事をするというのは、それほどうれしくないことだったと思います。近くにいて、頻繁に顔を合わせられるほうがいい。長いあいだ私が電話をかけるたびに、母からは「いつ帰ってくるの?」と、訊かれました。

でも、二〇〇〇年に私たちがつくったワインが九州・沖縄サミットの晩餐会で選ばれたとき、母もとても誇らしかったようです。ただし、サミットに出席した米国大統領がビル・クリントンだったことが気に入りませんでした。母は共和党支持者で民主党を嫌っていて、クリントンが好きではなかったのです(笑)。それで、「共和党の大統領が日本に行ったときは、もっといいワインを飲ませてあげてね」と言っていました(笑)。

そして、二〇〇八年の北海道洞爺湖サミットに共和党のブッシュ大統領がきたとき、

「二〇〇六・風のルージュ」が宴席で出されました。あいにく大統領はアルコール依存症の療養中で、飲めませんでしたが。

でも母は、私と亮子の結婚式のときに日本へきてくれて、このワイナリーでの披露宴にも出席しました。亮子と私を囲んで、園生全員にワイナリーと学園のスタッフも集まって、その夜は巌華園でパーティーがありました。母はここに実際にやってきて畑での作業の様子を自分の目で見て、園生にも会いました。そのあとは、電話でも「いつ帰ってくるの」とは言わなくなりました。母には、みんながやっている仕事の大切さがわかったのです。そしてなぜ私が、ここで働き続けることを選んだのか理解しました。それまでは、カリフォルニアでもっといい仕事や地位が手に入るのに、なぜ日本でのワインづくりを選んだのか、理解できなかったようです。私はいつも、「ぼくをクリスチャンに育てた、母さんのせいだよ」と答えていたのですが（笑）。

ワインづくりは、すばらしい仕事です。私自身、ワインが大好きです。でもワインは、言ってみれば嗜好品です。ワインが明日この世からなくなっても、人は困らない。必需品ではありませんから。私は自分がワインづくりの道を選んだことを、自分本意ではないかと少しばかり後ろめたい気持ちがしていました。その仕事をココ・ファームで社会福祉の仕事と両立させられたのは、最良のことでした。ワインづくりというのは、人をしあわせにする仕事です。お客さんにおいしいと思ってもらい、幸せな気分になってもらえる。長年連れ添った夫婦が、ワインを飲んでたがいにいいムードになれる。それも、ワインが社会にもたらす力の一つです。でも、こころみ学園の仕事は、直接人びとの力になれるのです。その学園のワイナリーで、園生たちと一緒にワインをつくるということ。クリスチャンの一人として、私はここで働くことに意義を感じました。母はその点をよくわかっていませんでしたが、実際にここを訪れて現場を見て、その意味を理解したのです。

こころみ学園／ココ・ファーム・ワイナリー　略年表

1958年　特殊学級の教師をしていた川田昇氏とその生徒たちを主体に、4Hクラブの会員、近所の人たちも手伝って、栃木県足利市田島町の山でぶどう畑を2年がかりで開墾。

1969年　30名収容の施設が竣工。成人対象の知的障害者更生施設として「こころみ学園」がスタート。園生30名（男性15名、女性15名）、職員9名。ぶどうと椎茸の栽培を中心にした農作業を通して園生の自立を目指す。

1980年　2月、こころみ学園の考え方に賛同する保護者の出資により有限会社「ココ・ファーム・ワイナリー」設立。

1984年　醸造の認可が下り、秋よりワインづくりを開始。1万2千本を生産し、完売。11月に第一回収穫祭を開催。

1986年　ワイン用のぶどう畑を、佐野市赤見に開墾（2ヘクタール）。

1989年　カリフォルニアのソノマに5ヘクタールのぶどう畑を確保。この畑づくりも学園の子どもと職員がおこなう。10月、醸造技術者ブルース・ガットラヴがワインづくりに加わる。

1992年　フランスのシャンパーニュ地方に視察旅行。シャンパン方式によるスパークリングワインづくりを目指す「のぼ・チーム」が

ブルース・ガットラヴ　略歴

1961年　12月、ニューヨーク州ニューヨークのロングアイランドにあるハンティントンに生まれる。

1983年　コーネル大学を中退後、ニューヨーク州立大学卒業（植物生理学専攻）。カリフォルニア大学デイヴィス校修士課程に入学。醸造学を学び、86年に卒業。卒業後はカリフォルニアのロバート・モンダヴィ、ケークブレッド・セラーズなどワイナリー数箇所で実地にワインづくりを学ぶ。その後ナパ・ヴァレーでワイン・コンサルタントとして働きながら、ワインづくりの修業を重ねる。

1989年　ココ・ファーム・ワイナリーのワインづくりに、コンサルタントとして参加。

スタート。

1995年　6月、カリフォルニアへ親子旅行。職員、卒業生などあわせて291名が参加。

2000年　7月、こころみ学園のワイン醸造場ココ・ファーム・ワイナリーのワインが九州・沖縄サミットの首里城での晩餐会に使用される。

2006年　第一回「社会的事業表彰」受賞。

2007年　7月、2006年度「デザイン・エクセレント・カンパニー賞」受賞。

2008年　7月、ココ・ファーム・ワイナリーのワイン「風のルージュ」が北海道洞爺湖サミットの総理夫人主催夕食会で使用される。

2011年　11月、足利市田島町にワイン用ぶどう畑、テラスヴィンヤード開墾。

園生　145名（入所94名、短期入所11名、ケアホーム30名、通所10名）年齢19歳～90歳、男性97名、女性48名

職員　常勤職員53名、非常勤職員50名、うち準職員（特殊学級やこころみ学園の卒業生）6名、ココ・ファーム・ワイナリーのスタッフ30名

ぶどう栽培　6ヘクタール

ワイン醸造　年間16万本

1991年　正規スタッフとなり、以後ココ・ファームで「第一楽章」「風のルージュ」、スパークリングワイン「のぼ」、デザートワイン「ろばの足音」など、数々の名ワインを醸造チームとともに手がける。

1996年　大中亮子と結婚。

1999年　ココ・ファーム・ワイナリー取締役に就任。

2002年　長女　宇詩（うた）誕生。

2009年　北海道空知管内岩見沢市に家族で移り住み、ココ・ファームでの仕事を続けながら、「10R（トアール）ワイナリー」をスタートさせる。

2012年　トアール・ワイナリーではじめての収穫。「風2012」（赤）、「森2012」（白）をつくりだす。

2013年　トアール・ワイナリーとココ・ファーム・ワイナリーの共同制作で、「2012ぴのろぜ」完成。

あとがき

ココ・ファーム・ワイナリーの畑の急斜面を頂上まで登ると、遠くに青くかすむ平らな街並からいきなり緑色の山々がそびえ立っていて、まるで海の上に巨大な竜の群れがうずくまっているように見えます。そして足下には、青々と葉を繁らせるぶどう棚がふもとまで続き、その向こうには醸造所やワインの貯蔵倉、カフェのテラス、こころみ学園の施設や事務所の建物の屋根。ブルース・ガットラヴさんがここに醸造技術者として加わったのは、いまから二五年前でした。日本にきて間もないころは才気を感じさせる色白の冗談好きな若者でしたが、いまは日焼けして堂々とした落ち着きと自信を感じさせる、冗談好きな農夫です。ココ・ファームの歴史は、日本における本格的なワインづくりやワインの楽しみ方の歴史に、ほぼそのまま重なります。ブルースさんは、日本ワインの質を世界的な水準にまで引き上げた貢献者の一人と言って間違いないでしょう。ブルースさんが笑ったり、悩んだり、喜んだり、（ときには）怒ったりする様子を、友人の一人として垣間見てこられたのは、しあわせなことでした。

この本のために一年半近く六回にわたって話を聞きましたが、取材とはいえ毎回楽しい時間でした。「今日の話は、なんだかあっちこっちに飛んでしまったねー」と、ブルースさんが心配することもたびたびでしたが、そんなときもテープを聞き直してみると、おもしろい内容がぎっしり詰まっていたのです。忍耐強くインタビューにおつきあいくださったブルースさん、この機会をあたえてくださったココ・ファーム・ワイナリーの池上知恵子さん、親身なサポートをしてくださった越知眞知子さん、ココ・ファームとこころみ学園のスタッフの方々。お忙しいなか原稿に目を通してくださった亮子ガットラヴさん、一冊の本に仕上げるにあたって頼もしい制作者となってくださったエディターシップの村上健さん、そのほか大勢の方々に心から感謝を捧げます。

木村博江

二〇一四年秋

著者略歴
ブルース・ガットラヴ（Bruce Gutlove）
1961年ニューヨーク生まれ。1986年にカリフォルニア大学デイヴィス校の醸造学科を卒業後、名だたるワイナリー数箇所で実地にワインづくりを学ぶ。その後1989年より、足利市にある知的障害者のための施設「こころみ学園」を母体とするココ・ファーム・ワイナリーで、ワインづくりに携わる。日本のぶどうを使って数々の名ワインを作り上げ、日本のワインを世界的水準にまで引き上げる牽引力となってきた。
ココ・ファーム・ワイナリー 公式サイト http://www.cocowine.co.jp
10R winery｜トアール 公式サイト http://www.10rwinery.jp

ブルース、日本でワインをつくる
著　　者……ブルース・ガットラヴ
聞き書き……木村《きむら》 博江《ひろえ》
発　　行……2014年11月15日
発　　行……株式会社 新潮社 図書編集室
発　　売……株式会社 新潮社
〒162-8711　東京都新宿区矢来町71
電話　03-3266-7124
印 刷 所……錦明印刷株式会社
製 本 所……加藤製本株式会社

ISBN978-4-10-910030-4 C0095